自金融趨勢下
消費者金融行為研究

尹麗 編著

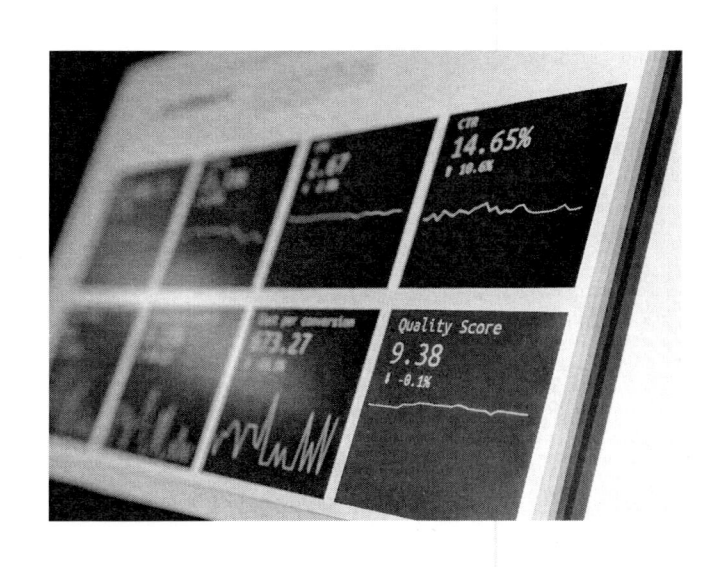

財經錢線

序

　　經濟新常態下，擴大消費需求已成為調整經濟結構、穩定經濟增長的必然選擇。消費觀念的形成、消費文化的沉澱刺激了消費金融的蓬勃發展。特別地，消費金融與互聯網技術手段一經結合，孕育出了「自金融」這一新的概念，其涵蓋了自由化的宏觀金融環境、自秩序和自律性的中觀行業環境、普泛化自主化的微觀交易主體三層含義。自金融趨勢下，消費者前所未有地擁有金融行為的自我意識、自由度以及自主性，是否採取理性的金融行為、能否做出最優的選擇呢？認知、研究消費者金融行為，恰是幫助消費者做出更優的金融決策的先決條件。因此，本書以互聯網金融、消費金融的發展為行業背景，針對微觀層面的自金融，即金融交易參與主體的平民化、普泛化和自主化，以消費者個人視角研究自金融對消費者金融行為的影響、行為主體特徵等問題。

　　本書內容分為五章。第一章相關理論研究，從消費金融、互聯網金融、自金融、普惠金融等概念出發梳理與消費者金融行為相關的理論和文獻。第二章自金融趨勢下的消費金融發展，在釐清自金融的背景與內涵的基礎上分析自金融趨勢下的消費金融行業的發展現狀。第三章基於社會群體視角的消費者金融行為分類研究，在明確了自金融趨勢下消費者金融行為分群體分析的必要性與意義的基礎上，選擇近年來消費金融參與主體中的典型代表群體——大學生、農戶和藍領為研究對象，運用定性與定量實證分析相結合，分析不同群體的金融行為及其可能的影響因素。第四章自

金融趨勢下消費者金融行為監管的問題及應對，圍繞21世紀金融監管的理念轉變，剖析當前地方金融監管存在的問題，提出將監管沙盒創新工具應用於自金融領域的體制構建設想。第五章自金融趨勢下消費者金融教育、金融素養與消費者金融行為，在明確了金融教育是降低金融監管成本、實施消費者權益保護的最有效手段的認知基礎上，提出自金融背景下構建多層次消費者金融教育體系的建議，只有個人、家庭通過學習和利用金融知識來改善自己的金融行為、提升自己的金融能力，能達到金融健康的狀態。

本書文稿由尹麗教授和董昕副教授共同寫作完成，最終在出版社的大力支持下得以出版。在此，對給予我們幫助和支持的的家人一併表示感謝！

尹麗　董昕

目錄

第一章 相關理論研究 / 1

第一節 相關定義與內涵 / 1

一、關於消費金融的定義與內涵 / 1

二、關於互聯網金融的定義與內涵 / 3

三、關於普惠金融的定義與內涵 / 8

四、互聯網金融與普惠金融、民主金融 / 11

第二節 消費者金融行為研究綜述 / 13

一、消費者金融行為的含義 / 13

二、消費者金融行為的描述與度量 / 14

三、消費者金融行為的影響與預測 / 15

四、消費者金融行為與消費者福利 / 16

五、消費者金融行為的研究理論 / 16

第二章 自金融趨勢下的消費金融發展 / 18

第一節 自金融的背景與內涵 / 18

一、自金融產生的背景 / 18

二、自金融的三重內涵 / 20

三、自金融與互聯網金融的對比 / 23

第二節　自金融趨勢下消費金融的發展 / 25

　　一、全球消費金融發展沿革 / 25

　　二、自金融的效應 / 35

　　三、自金融趨勢下中國消費金融行業發展的現狀 / 36

　　四、自金融趨勢下消費金融發展的風險分析 / 40

第三章　基於社會群體視角的消費者金融行為分類研究 / 43

第一節　社會群體與消費者金融行為 / 43

　　一、社會群體、群體壓力與從眾 / 43

　　二、參照群體及其對消費者金融行為的影響 / 44

　　三、自金融趨勢下消費者金融行為分群體分析的必要性與意義 / 44

　　四、關注並重視對特殊金融消費者群體保護的國際實踐 / 46

　　五、對金融詐騙受害者的行為研究 / 47

第二節　自金融趨勢下大學生金融行為研究 / 49

　　一、研究背景 / 49

　　二、大學生金融行為的風險及成因分析 / 52

　　三、大學生金融態度與金融行為的問卷調查與研究 / 55

　　四、啟示：大學生金融態度與金融行為對普及性金融教育的需求 / 65

第三節　農戶借貸行為研究 / 65

　　一、農戶借貸行為研究綜述 / 65

　　二、中國農村金融發展歷程中的農戶借貸行為演進 / 72

　　三、自金融趨勢下的農戶借貸行為 / 74

第四節　自金融趨勢下藍領借貸行為研究 / 78

　　一、藍領人群的用戶規模與結構 / 78

二、藍領人群的收支情況 / 78

三、藍領人群借款行為的分析 / 79

四、藍領互聯網金融產品案例——買單俠 / 80

第四章　自金融趨勢下消費者金融行為監管的問題及應對 / 81

第一節　概述 / 81

一、背景 / 81

二、主要概念 / 82

三、行為監管與金融消費者保護的改革與實踐 / 83

四、為什麼選擇行為監管及其發展邏輯 / 85

第二節　自金融趨勢下中國金融監管現狀 / 87

一、自金融風險產生的機理及表現特徵 / 87

二、中國金融監管現狀分析 / 89

三、自金融趨勢下金融消費者權益保護的特殊性 / 92

第三節　國際經驗借鑑：金融行為監管與消費者權益保護 / 93

一、美國 / 94

二、英國 / 95

三、日本 / 96

四、金融行為監管與消費者權益保護的國際經驗總結 / 96

第四節　自金融領域監管沙盒體制的構建設想 / 99

一、自金融趨勢下消費金融監管原則 / 99

二、監管沙盒在自金融領域應用的必要性 / 100

三、自金融趨勢下地方金融監管沙盒機制的構建 / 102

第五章　自金融趨勢下消費者金融教育、金融素養與消費者
　　　　金融行為／105

　一、理論研究：消費者金融教育、金融素養與金融行為的關係／ 105

　二、自金融背景下消費者金融教育的重要性／ 108

　三、中國自金融背景下消費者金融教育的現狀／ 108

　四、國際經驗借鑑／ 110

　五、自金融背景下構建多層次消費者金融教育體系的建議／ 113

參考文獻／ 116

附錄／ 120

第一章　相關理論研究

第一節　相關定義與內涵

一、關於消費金融的定義與內涵

金融危機過後，投資和出口這「兩駕馬車」的動力明顯下降，中央「十二五」規劃中明確提出擴大內需戰略，消費成為「三駕馬車」中拉動 GDP 增長最為可靠的一項。學者們已形成共識，發展消費金融是擴大消費需求的長效機制之一（王勇，2012）。所謂消費金融，可以廣泛地理解為與消費相關的所有金融活動，但如何明確界定消費金融的內容和範疇仍是一個尚未完成的任務（王江，2010）。

（一）國外

國外對消費金融的研究起步較早，這與西方國家經濟金融較為發達、信用體系相對健全、數據尤其是微觀數據資源較為豐富，以及西方人的消費觀念有直接關係。消費金融源於消費文化，Philip Rieff（1987）提出「消費文化的興起是一種簡單的線性轉換，從以克己的生產為定向的社會，轉到以自我放縱為定向的社會」，Jackson Lears（1994）則認為，消費文化「不是享樂主義的騷亂，而是對控制與釋放之間緊張狀態的現存平衡進行排序的一種新方式」。

國際學術界對消費金融領域的相關概念有「Consumer Finance」（消費者金融）、「Personal Finance」（個人理財）、「Household Finance」（家庭金融）、「Consumer Credit」（消費信貸）。具體地：

「Consumer Finance」（消費者金融）主要從消費者角度來分析其面臨的金融問題，即如何在給定的金融環境下利用所掌握的資產來滿足各種消費需求——消費者的經濟目標，包括消費目標、消費與儲蓄、信貸、資產配置，及其面臨的各種風險和約束（Samuelson，1969；Merton，1969，1971）。Tufano

(2009)從消費者所需的金融功能界定了「Consumer Finance」的範圍：第一是支付，如支票、支付卡、信用卡；第二是風險管理，如人壽保險、預防性儲蓄等；第三是信貸，如按揭貸款，為目前消費花費未來的錢；第四是儲蓄和投資，節制當前消費用於投資，為了未來的消費。顯然，這一概念對消費者本身的金融需求分析得較為全面，且對於研究消費金融的市場、產品和服務十分有效，但對於更為宏觀的市場、政策因素，以及更為微觀的消費行為、消費心理等因素則顯得較為粗略。

「Personal Finance」（個人理財）涵蓋的內容主要是為個人制定和實施財務規劃，包括收入管理、風險管理（比如健康風險、收入風險等）、投資和儲蓄、稅收籌劃，以及個人遺產處置和信託等。這一概念側重財務或財富安排，而非消費的角度，即個人財富管理的問題，注重具體的業務運作，與金融機構針對消費者開發設計金融產品和服務的目標很契合。

「Household Finance」（家庭金融），顧名思義，以家庭為單位、將家庭整體視為一個消費單元來研究其金融活動，從實證分析角度來看有利於數據的取得。但家庭面對的金融問題要比消費者個人更為複雜、豐富，比如職業選擇、家庭教育對未來收入、投融資選擇等的影響，均屬於家庭金融範疇，但並不歸於消費者金融研究的範圍。

「Consumer Credit」（消費信貸），這一概念的使用頻率較高，因其側重於消費金融的某個特定方面，具體針對的是金融機構（國外還包括零售機構，國內一般不包括）向消費者提供的信貸產品和服務，幫助消費者購買消費產品和服務，提升消費者福利。顯然，這是更為狹義的消費金融概念，僅是前述三個概念的一部分，與國內業界對消費金融的理解更為契合。

（二）國內

相比之下，國內對消費金融的研究起步較晚，始於住房金融（張其光，1997），與中國擴大內需戰略的時代背景相一致。關於消費金融的定義，具有代表性的觀點有：錢穎一認為凡屬於資產配置方面的研究，應稱之為消費者金融或居民金融；廖理則認為消費金融需涵蓋消費者個人和家庭；裴長洪認為應傾向於家庭層面的研究。顯然，國內對消費金融的界定，對消費者金融、家庭金融、消費信貸都有涉及。但目前因受到各方面因素的制約仍處於嘗試階段，其中最大的制約因素是微觀數據的匱乏，缺失連續的微觀家庭、個人的抽樣觀察。

因此，關於消費金融的定義與內涵，國內在業界層面更傾向於國外的「Consumer Credit」（消費信貸）這一更為狹義的層次；監管部門政策建議層面

則傾向於「Consumer Finance」（消費者金融）這一更為廣義的理解；最近的數據研究方面則呈現出「Household Finance」（家庭金融）這一定義接受度日漸提高的趨勢。根據中國《消費金融公司試點管理辦法》對消費金融公司的定義——為個人提供以消費為目的的貸款的非銀行金融機構，可以看出監管層面把消費金融近似等同於消費貸款（Consumer Loan），即以短期消費為目的的信用貸款，並不包括住房貸款，主要是期限在兩年以內、金額在 2,000~200,000 元的貸款，覆蓋汽車、旅遊、醫療美容、教育、農戶消費與經營、租房、家居裝修、電子產品等領域的消費信貸。

二、關於互聯網金融的定義與內涵

互聯網金融（Internet-based Finance）是隨著互聯網技術的高速發展，現代信息技術與傳統金融相結合誕生的新概念。從發展歷程看，互聯網金融的爆發式發展，一方面是互聯網行業對金融業務的積極涉足，另一方面是傳統金融行業對互聯網技術的日益重視。互聯網，尤其是移動互聯網公司以其卓有成效的營銷方式，強勢介入人們的日常金融活動，讓人耳目一新。這也就催生出一個模糊的「互聯網金融」概念（戴險峰，2014）。互聯網金融，究其實質包括金融的互聯網和互聯網的金融兩個層面：金融的互聯網，是傳統的金融機構借助網絡技術，突破時間、空間和物理網點的限制，實現業務全面升級，通過網絡提供多種金融服務；互聯網的金融，則是原本與金融毫無關係的互聯網企業開展金融業務，即外部力量通過互聯網作用於金融業，並導致金融業生態產生巨變（李海峰，2013）。

中國學術界首先將「互聯網」和「金融」兩個概念結合，這是由於中國金融管制形成的套利空間，市場上也存在大量「互聯網金融」公司成為學術界的研究對象。國外學術界並沒有嚴格意義上的互聯網金融的提法，而是主要基於實踐對互聯網金融的產生基礎、範圍、特徵等方面予以歸納，形成共識，強調互聯網金融的發展是以計算機金融、電子金融為前提的，更強調金融服務業基於互聯網技術的重組和創新、為客戶提供高質量、低成本的 3A 服務；同時亦指出了其可能帶來的負面影響，但更為深入的、系統的研究較為缺乏。關於其定義，具代表性的如：Allen 等（2002）指出，互聯網金融指的是利用電信手段和計算機技術提供金融服務與金融市場；Anderson（2004）認為任何通過電子渠道將商務、金融、銀行聯繫起來的事物都應算作互聯網金融的一種形式。

國內學者較早一般將互聯網金融稱為「網絡金融」，大致分為網絡銀行、

網絡證券、網絡保險、網絡結算、網絡理財和網絡信息（梁循、曾月卿、楊鍵，2006）；2012年，謝平、鄒傳偉首次提出互聯網金融模式的概念，引發了國內關於互聯網金融概念的爭論。

第一種爭論主要圍繞「互聯網金融是傳統金融的數字化延伸」這一論述。謝平等（2013）認為互聯網金融就是金融數據化，所有的金融產品從本質上而言就是不同數據通過互聯網和支付系統組合、還原而成，即：①金融就是數據；②數據在網上傳輸、移動，再還原各種金融產品，實現數量匹配、期限匹配和風險定價。柏亮（2013）則認為雖然客觀上數據給金融帶來了巨變，降低了金融交易成本和風險，但互聯網金融不僅僅是數據金融，其引發的交易主體、交易結構上的變化以及潛在的金融民主化更具有革命性的意義。第二種爭論主要圍繞金融服務實體經濟的最基本功能——資金融通來展開。根據謝平、鄒傳偉（2012）的判斷，「互聯網金融是既不同於商業銀行間接融資、也不同於資本市場直接融資的第三種融資模式」「互聯網金融是一個譜系概念，涵蓋因互聯網技術和互聯網精神的影響，從傳統銀行、證券、保險、交易所等金融仲介和市場，到瓦爾拉斯一般均衡對應的無金融仲介或市場情形之間的所有金融交易和組織形式」①。顯然，此定義稍顯理想化，如果按照此定義，真正的互聯網金融形態恐怕尚未出現。柏亮等（2013）指出這樣的假定條件過於完美，也不可能完全出現。羅明雄在《互聯網金融》一書中，從全面、客觀、現實的角度給互聯網金融下了一個定義，即「互聯網金融是利用互聯網技術和移動通信技術等一系列現代信息科學技術實現資金融通的一種新興的金融服務模式」。第三種爭論的焦點在於互聯網金融是否屬於金融創新。尹龍（2002）認為互聯網金融之所以跟銀行融資和證券市場融資不一樣，是因為互聯網金融是更民主化的、大眾化的金融模式，即互聯網金融的獨特性在於金融服務通過互聯網工具擴大了其服務的群體，而非其自身的金融創新。但是羅明雄等（2013）認為互聯網金融有其金融創新意義，並體現在六大互聯網金融模式之中。

關於互聯網金融包含的具體業態，國外學術界的研究一般也領先於國內，但國內學術界伴隨著中國互聯網金融的發展「後來居上」，針對具體業態展開了更為深入的、有針對性的研究，總的來說有一定的現實意義，但體系性尚顯不足。侯少開、蘇鵬飛（2014）採用廣義互聯網金融的定義，認為任何涉及廣義金融的互聯網應用都應該是互聯網金融，包括但不限於為第三方支付、

---

① 謝平，鄒傳偉. 互聯網金融模式研究 [J]. 金融研究，2012（12）：11-22.

P2P 網絡借貸、眾籌、在線理財、在線金融產品銷售、金融仲介、金融電子商務等。謝平（2012）認為主要有六大模式：第三方支付（以移動支付為主）、P2P 網絡借貸、大數據金融（非 P2P 的網絡小額貸款）、眾籌融資、互聯網整合銷售金融產品（以餘額寶模式為代表）和互聯網貨幣。

（一）第三方支付

第三方支付是指具備一定實力和信譽保障的非銀行機構，借助通信、計算機和信息技術，通過與各大銀行簽約，在用戶與銀行支付結算系統間建立連接的電子支付模式。長期來看，第三方支付將逐步走向移動端，互聯網金融的支付便是以移動支付為基礎的。移動支付亦憑藉其便捷性成了最具發展潛力的細分業態。

根據 Mobile Electronic Transaction 組織的定義，移動支付（Mobile Payment）是指借助手機、各種 Pad（Portable Device）等便攜式移動通信終端和設備，通過無線網絡進行的支付、轉帳、繳費等商業交易。移動支付源起於發達國家，卻在以中國為代表的發展中國家迎來了空前的發展與創新。究其原因在於發達國家企業和個人用戶能夠通過現有支付系統和網絡環境完成日常支付，其對移動支付的需求不如發展中經濟體用戶迫切，其移動支付的發展重點側重於個性化服務；發展中國家的移動支付則經歷了先遠程、再近場，二維碼支付、聲波支付、靜脈支付、空付等各項創新層出不窮。依照中國人民銀行 2010 年《非金融機構支付服務管理辦法》的定義，「從廣義上講，第三方支付是指非金融機構作為收、付款人的支付仲介所提供的網絡支付、預付卡、銀行收卡單以及中國人民銀行確定的其他支付服務」，顯然這一定義涵蓋了線上和線下綜合支付工具。帥青紅（2011）認為「移動支付是通過移動通信設備、利用無線通信技術來轉移貨幣價值以清償債權債務關係」。羅明雄等（2013）將創新型第三方支付模式分為兩種：獨立第三方支付和有交易平臺的擔保支付模式。其中，獨立第三方支付模式是指第三方支付平臺完全獨立於電子商務網站，不承擔擔保功能，僅為用戶提供支付服務和支付系統解決方案，平臺前端聯繫著各種支付方法供網上商戶和消費者選擇，平臺後端連著銀行，與各銀行進行帳務清算。

（二）P2P 網絡借貸

2005 年世界上第一家 P2P 網絡借貸平臺 Zopa 在英國創立，對此的研究在 2006—2007 年成為熱點。P2P（Peer to Peer）網絡借貸是個體和個體之間通過網絡實現直接借貸，國內稱為「人人貸」。其模式主要表現為個體對個體的信息獲取和資金流向，在債權債務屬性關係中脫離了傳統的金融仲介，因而 P2P

借貸被認為屬於「金融脫媒」範疇（柏亮等，2013）。謝平、鄒傳偉、劉海二（2014）認為 P2P 網絡借貸具體是指通過第三方互聯網平臺進行資金借、貸雙方的匹配，有借貸意願的人群通過網站平臺尋找有出借能力、且願意基於一定條件出借的人群，出借人和其他出借人一起分擔一筆借款額度來分散風險，此外還能幫助借款人在充分比較信息的情況下選擇有吸引力的利率條件[①]。總體來看，國內關於 P2P 的概念經歷了早期的模糊、異化過程，其發展模式亦從純仲介型、複合仲介型、非營利公益型、純平臺模式、債權轉讓模式、擔保模式等野蠻生長亂象，最終由監管機構明確為無擔保純平臺模式，即信息仲介而非信用仲介。

（三）大數據金融（非 P2P 的網絡小額貸款）

一般認為（Provost、Foster、Tom Fawcett，2013）大數據具有四個基本特徵：數據體量龐大（Volume）、價值密度低（Value）、來源廣泛和特徵多樣（Variety）、增長速度快（Velocity）。羅明雄、司曉、周世平（2015）認為「大數據金融是集合海量非結構化數據，對其作即時分析，為互聯網金融機構提供客戶全方位信息，通過分析和挖掘客戶的交易和消費信息掌握客戶的消費習慣，並準確預測客戶行為，使金融機構和金融服務平臺在營銷和風控方面有的放矢」；保健雲（2016）提出「大數據金融是指隨著大數據技術發展而形成的基於大數據技術工具和大數據平臺而開展的各種金融活動的總稱」。較之傳統金融活動，大數據金融具有五個特徵：一是網絡化和雲計算；二是金融交易產品的大數據設計及定價；三是金融交易的大數據化，利用大數據方法議價、交易結算與金融產品交割；四是金融市場網絡的大數據化；五是金融監管網絡的大數據體系化。

大數據金融的主要應用有大數據徵信、大數據網絡貸款，以及大數據在證券投資和保險精算中的應用等。基於大數據的網絡小額貸款有美國的 Kabbage 和中國的阿里小貸，依託大量非結構化的大數據，在極短時間內為不滿足銀行貸款條件的網上平臺商戶提供營運資金。

（四）眾籌融資

眾籌（Crowdfunding）是一種大眾通過互聯網相互溝通聯絡，匯集資金支持由其他組織和個人發起的項目或活動的集體行動[②]。眾籌最早在美國出現，產生的原因（肖本華，2013）在於：後危機時代美國中小企業，尤其是初創

---

① 羅明雄，司曉，周世平．互聯網金融藍皮書（2014）[M]．北京：電子工業出版社，2015．
② ORDANINI A，MICELI L，PIZZETTI M．Crowd-funding：Transforming customers into investors through innovative service platforms [J]．Journal of Service Management，2011，22（4）．

企業的融資困難進一步加劇；互聯網普及背景下金融資本核心價值減弱；眾籌這一融資方式可使企業更貼近，能更好地滿足消費者的需求，契合了互聯網時代科技創新的要求，也符合互聯網時代數量龐大的網民以參與游戲的心態參與投資的熱情。2012 年 JOBS 法案（《促進創業企業融資法案》）放寬了對眾籌的限制，使眾籌完全「合法化」，給美國小企業或創業者通過互聯網籌資鋪平了道路[①]——JOBS 規定基於互聯網的眾籌可以免於在美國證券交易監管協會 SEC 註冊，企業使用眾籌方式籌資，一年內籌資累計金額不得超過 100 萬美元，籌資過程必須由一個合規的仲介機構參與進行。

現代眾籌作為一種新型融資模式，能否獲得資金不再是以項目的商業價值作為唯一標準。眾籌具有低門檻、多樣性、依靠大眾力量以及注重創意的特點。依照融資者和投資者的目標不同，可以分為四類：一是債權眾籌，融資者給予投資者的回報是以債權形式，投資者的收益來自約定的利率，業界一般將其等同於 P2P 網絡借貸平臺。二是股權眾籌，即通過網絡的較早期私募股權投資，是風險投資的有效補充。但涉及的法律問題較多，容易處於現行法律的模糊地帶。三是獎勵眾籌，指的是仍處於研發設計或生產階段的產品或服務的預售，不同於團購的對象往往是較為成熟，或進入銷售階段的產品或服務，獎勵眾籌有可能面臨不能如期交貨的風險。四是捐贈眾籌，實際是公益性質，通過平臺籌集善款：由有需要的本人或他人提出申請，由非政府組織做盡職調查、證實情況，在網上發起項目，向公眾募捐。

眾籌的商業根源是眾包（Crowdsourcing），即企業將其價值鏈上的一些環節依託互聯網外包給眾多消費者完成的行為[②]，其實質是消費者參與到企業價值創造和創新的過程當中，即用戶創新。眾籌的文化根源是通過社區為項目進行融資，尤其在 2007 年全球金融危機之後，由於各國經濟普遍陷入低迷，企業融資更加困難，眾籌憑藉以下基本特徵成為日漸流行的融資方式：一是投融資全程的互聯網化；二是依託社交網絡開展市場營銷；三是低成本和高效率。

（五）互聯網整合銷售金融產品（餘額寶模式）

2013 年餘額寶的出現標誌著中國互聯網金融發展的開始。以餘額寶為代表的互聯網金融理財產品引發了理論與業界對於金融產品網絡銷售模式的探討與研究。劉彬、吳志國（2013）認為互聯網金融理財充分發揮了互聯網便捷、高效、低門檻的優勢，讓更多人利用互聯網解決自己日益增長的理財需求，能

---

① SHERMAN A J, BRUNSDALE S. The Jobs Act: Its Impact on M&A [J]. Journal of Corporate Accounting & Finance, 2013（24）.

② 杰夫·豪. 眾包 [M]. 牛文靜, 譯. 北京：中信出版社, 2009.

更好地將儲蓄轉化為投資；邱勛（2013）以餘額寶為例研究了對商業銀行的市場地位、存款、理財產品以及基金代銷業務造成的衝擊；賈楠（2014）研究指出互聯網金融的產品服務具有明顯的「長尾效應」，能將數量眾多但單筆金額小的長尾客戶聚集起來，與此同時互聯網整合銷售金融產品是從客戶的使用角度和習慣來研發產品的，推出移動應用，使客戶能夠利用零散的時間和資金來做理財，提高了長尾客戶的產品體驗及金融價值。

（六）互聯網貨幣

互聯網貨幣的雛形是虛擬貨幣（Virtual Currency），主要指在網絡游戲、社交網絡和網絡虛擬世界等網絡社會中，被用於與應用程序、虛擬商品和服務有關的交易的貨幣。謝平、鄒傳偉、劉海二（2014）從六個特徵來定義互聯網貨幣：①由某個網絡社區發行和管理，不受監管或很少受到監管，特別是不受或較少受到中央銀行的監管；②以數字形式存在；③網絡社區建立了內部支付系統；④被網絡社區普遍接受和使用，能用作一般等價物；⑤可以用來購買網絡社區中的數據商品或實物商品，即有交易媒介的功能；⑥可以為數據商品或實物商品標價，即有計價功能。互聯網貨幣顯然滿足了貨幣的標準定義——在商品或勞務的支付或債務的清償中被普遍接受的任何東西，而且能發揮貨幣的三大功能——計價單位、交易媒介、價值儲藏，但因其天生具有的國際性和超主權性備受爭議，目前尚處於探索階段。綜上，大部分互聯網貨幣本質上都是信用貨幣，存在一個中心化的發行者，其價值取決於人們對發行者的信任。

三、關於普惠金融的定義與內涵[①]

（一）相關概念

普惠金融（Inclusive Finance），這一概念由聯合國 2005 年小額信貸年宣傳時提出。但普惠金融的思想並不新鮮，很多國家的社會團體、政府組織一直在探索為貧困群體、低收入群體提供金融服務的渠道，其最初、也是最基本的形態就是小額信貸（Micro-credit）和微型金融（Micro-finance）（李楊，2013），相關研究一脈相承。因此，在研究普惠金融之前有必要對金融排斥、小額信貸、微型金融等相關概念作出闡釋和梳理。

1. 金融排斥（Financial Exclusion）

Leyshorn 和 Thrift（1993）最早基於地理排斥視角提出了金融排斥的概念，主要研究發達國家存在的金融排斥現象、本質、成因以及對經濟社會的影響。

---

① 尹麗. 中國普惠金融發展研究綜述 [J]. 現代經濟信息，2015（21）.

具有代表性的有：「金融排斥是指由於沒有合適的獲取渠道，部分群體不能以合適的方式使用主流金融系統提供的金融服務」（Panigyrakis、Theodoridis、Veloutsou，2002）；Kempson 和 Whyley（2000）提出金融排斥包括地理排斥、評估排斥、條件排斥、價格排斥、營銷排斥以及自我排斥六個維度；「在金融體系中人們缺少分享金融服務的一種狀態，這包括社會中的弱勢群體缺少足夠的途徑或方式接近金融機構，以及在利用金融產品或金融服務方面存在諸多困難和障礙」；而國內對金融排斥與金融包容性的研究始於 2007 年（王志軍、田霖等），之後何德旭、饒明（2008）進一步研究得出「正規金融機構對農村金融需求具有較強的金融排斥性是制約農村金融市場實現供求平衡的主要原因」。

2. 小額信貸（Micro-credit）

現代小額信貸出現在 20 世紀 70 年代的巴西、孟加拉國等地，並在 20 世紀 80 年代取得了突破，具體表現為：小額信貸機構打破了扶貧投融資的觀念，通過吸收存款，在一定程度上提高利率、發放商業貸款和小額信用貸款，實現了自身的盈虧平衡，進而擺脫了政府補貼和捐贈的影響，走上獨立運作的可持續發展道路。目前國內外學者認同小額信貸是一種成功的扶貧模式，但對其概念尚未形成統一的界定。喬安娜‧雷格伍德（2000）認為小額信貸是一種發展經濟的途徑，旨在使低收入群體受益；Morduch（1997）認為小額信貸是一種向貧困人群提供持續、無須抵押擔保、小額度的信貸方式；世界銀行的《小額金融信貸手冊》指出，小額信貸是意在向中低收入階層提供小額度的持續信貸服務活動；吳保國、李興平（2003）認為小額信貸是通過特定的機構為具有一定負債能力的中低層收入群體提供以幫助他們脫貧的金融服務；杜曉山（2005）提出小額信貸是一種在某個區域範圍內，按照某種特殊制度的安排向低收入群體提供資金及技術服務的一種特殊的信貸方式。

3. 微型金融（Micro-finance）

較之小額信貸，微型金融的含義和範疇均更寬泛，是一種以小額信貸為主的金融形態，還包括存款、保險等其他金融服務。20 世紀 90 年代由於單一的信貸已日漸滿足不了低收入群體的金融需要，微型金融便取代了小額信貸而受到關注，即進入微型金融階段。由此，包括正規金融機構和非正規金融機構在內的多樣化的金融機構開始積極地向貧困群體提供多樣化的金融服務，具體包括儲蓄、信貸、保險和資金收付結算等。

4. 普惠金融（Inclusive-finance）

普惠金融是對「小額信貸」「微型金融」概念的延伸和超越，以更加全

面、更具包容性的視角將分散的金融機構和分散的金融產品進行融合。聯合國（2005）基於全球有超過10億人並未真正享受到便利的可持續性金融服務的事實認為小額信貸和微型金融仍不同程度地被邊緣化，提出普惠金融超越了零散金融服務機構的範疇。其目標是建立一個完善的金融體系，使針對窮人、帶有一定扶貧性質的金融服務不再被邊緣化。國內焦瑾璞（2006）提出「普惠金融體系」概念，認為「普惠制金融是能以商業可持續的方式，為包括弱勢經濟群體在內的全體社會成員提供全面的金融服務」。

（二）普惠金融發展的全球實踐與探索

1. 國外普惠金融發展的實踐

發展中國家的普惠金融往往由政府和非政府組織發起並主導，旨在讓那些被排斥在傳統金融體系之外的窮人和小微企業獲得更均等的金融服務，以幫助他們脫貧，在獲得一定成功的操作經驗後，再開始商業化、市場化運作。由於社會發展相對落後，發展中國家的普惠金融發展除了考慮增加經濟收入和促進國民就業，還力圖通過發展普惠金融來改善民生，實現提高婦女社會地位、改善貧困人群子女的營養狀況和提高其受教育程度等社會目標。代表性的實踐有孟加拉鄉村銀行、印度尼西亞人民銀行、玻利維亞陽光銀行、印度自助小組——銀行連接模式、柬埔寨ACLEDA銀行等契合當地國情的、具有可持續性的普惠金融發展模式。

較之發展中國家，擁有較為成熟金融市場的發達國家只是將微型金融、普惠金融視為擴大金融服務邊界的諸多工具之一，其主要宗旨是為那些因信用評級低無法獲得正規金融機構服務的少數人口提供金融服務。其有代表性的兩種普惠金融發展模式是社區銀行和P2P網絡借貸，前者以社區居民、中小企業和農戶為主要服務對象，憑藉人緣、地緣優勢對客戶進行差異化定位，保證了不同人群的金融服務可獲得性；後者以發達的互聯網為平臺，憑藉交易成本低、操作便捷、信息透明等優勢向更多的人提供金融支持。

2. 中國普惠金融發展的實踐

宜信《2014中國普惠金融實踐報告》指出中國普惠金融的發展分為三個階段，即公益性小額信貸階段、正規金融機構介入的發展性微型金融階段和綜合性、創新性普惠金融階段。

公益性小額信貸階段——始於20世紀90年代的小額信貸以農村貧困人口為服務對象，「通過提供小額信貸服務改善貧困農戶，特別是貧困婦女的經濟狀況和社會地位」（杜曉山，1993）。這一時期的公益性小額信貸是中國小額信貸的先行者，致力於減輕農村地區的貧困狀況，體現了普惠金融的基本理

念,是扶貧方式和途徑的重大創新。其主要資金來源是個人或國際機構的捐助或軟貸款,多為小範圍試點,很難實現廣泛覆蓋。

正規金融機構介入的發展性微型金融階段——21世紀初,公益性小額信貸階段過渡到了發展性微型金融服務階段,後者不再局限於公益和扶貧,而是成了兼顧提高居民生活質量、促進就業的重要手段,尤其是包括農村信用合作社、城市商業銀行等正規金融機構開始全面介入小額信貸,使信貸資金供給得到極大的充實,不僅切實緩解了農民和城市下崗職工等低收入群體的資金困難,還有效促進了農村居民和城市失業人員收入和生活水準的提升。

綜合性、創新性普惠金融階段——自2005年「普惠金融」概念提出開始,隨著中國小額貸款公司、村鎮銀行等小額信貸組織和機構的迅速發展、越來越多的商業銀行亦專設小微企業金融業務部門,加之民營資本進入金融市場的條件日趨成熟,中國正式進入綜合性普惠金融階段。這一階段的普惠金融不僅提供慈善性小額信貸服務,還提供包括支付、匯款、保險、典當等一攬子金融服務,其普惠性、包容性日益顯著。

其中最有代表性的是互聯網金融平臺的出現,其使普惠金融獲得了爆發式增長。基於長尾理論,互聯網平臺能有效實現「聚沙成塔」、能有效整合過去被認為是邊緣化的市場或客戶,這與普惠金融的性質及其發展訴求都是十分契合的。因此,創新性的互聯網普惠金融降低了交易成本、緩解了信息不對稱問題,使更多的人獲得金融服務、更多的借貸交易得以發生,使過去的「邊緣市場」——即不能從傳統正規金融渠道獲得借貸資金的低收入群體獲得了信貸機會。根據中國人民銀行和銀保監會的有關數據[1],截至2019年6月末,全國鄉鎮銀行業金融機構覆蓋率和行政區基層金融覆蓋率分別為95.65%和99.2%。全國小微企業貸款餘額和涉農貸款餘額分別達到35.63萬億元和34.24萬億元。目前全國金融信用信息基礎數據庫已經收錄了9.9億自然人、2,757.5萬戶企業和其他組織的相關信息,銀稅互動、銀商合作、信易貸等小微企業信息共享與融資對接機制正在深入推進。

四、互聯網金融與普惠金融、民主金融

金融創新的趨勢是普惠金融和民主金融,金融有充足的潛力為我們塑造一個更加公平、公正的世界(羅伯特·席勒)。互聯網金融屬於金融創新的一種形式,互聯網金融的出現對於這一趨勢的助推影響顯著。

---

[1] 中國銀保監會,中國人民銀行. 2019年中國普惠金融發展報告 [R]. 2019-09-12.

（一）互聯網金融推動了普惠金融的發展

如前所述，普惠金融的實質是促進金融資源的均衡分佈，擴大金融服務受眾，提升消費者的參與深度和效用價值。其與互聯網的普惠精神直接契合，還可受益於互聯網的分享、協作和平等精神。互聯網金融在交易技術和交易結構兩個層面上深化了普惠金融。

在交易技術層面，互聯網金融通過網上自助服務和遠程審核減少物理網點，降低人工成本，提高服務的覆蓋人數；還可以增強信息交流，提高信息透明度，降低信用審核和風險控制成本；通過數據建模和自動化操作降低大量的業務操作成本；通過數據挖掘技術，分析用戶需求，提供多樣化、個性化、更具成本效益的金融服務；利用大數據技術提高監管機構的監管能力，降低監管成本；借助開源技術和業務眾包進一步降低金融機構的營運成本，幫助金融機構實現可持續發展[1]。

在交易結構層面，互聯網金融借助 P2P 技術、Web2.0 技術為用戶搭建各種點對點的借貸、投資和交易平臺，使用戶擁有多元化的金融服務渠道。這種多元化不僅滿足了用戶多元化的金融需求，而且能減輕弱勢群體對單個金融機構、尤其是傳統金融機構的依賴，促進各個渠道的充分競爭，從而確保用戶始終享有普惠金融的權利。

（二）互聯網金融是民主金融的起點

正如羅伯特·席勒在《金融與好的社會》中指出的[2]「實現我們的目標以及增強人類價值觀的關鍵在於維持並持續改進民主化的金融體系，一個能夠全面考慮多元化的人類動機和驅動力的體系」。民主金融的本質在於破除行政力量和少數大型金融機構對於金融權利的壟斷，促進市場競爭，保障消費者的金融權利，使得金融如同其他經濟服務一樣，迴歸其本質——促進價值交換、優化資金（資源）配置、託管社會財富。

互聯網金融恰是民主金融的起點，其對民主金融的影響和促進，深刻體現在以貨幣為代表的權利契約的革新上。以 2009 年誕生的比特幣為例，這個僅有算法產生、無任何實體機構支撐的貨幣能夠產生巨大的交換價值，僅僅在於用戶之間的信任。這種信任構建於穩定的規則、穩固的基礎設施（P2P 網絡）、用戶可參與的發行，以及公平的計算與投票上。它實際上是所有用戶在公平、自願、民主的基礎上共同簽署的權利契約，是一類集體意願的具化，具

---

[1] 李紅坤.互聯網金融對中國宏觀經濟的衝擊效應及應對策略研究 [J].山東財經大學學報，2015（4）：15-23.

[2] 羅伯特·席勒.金融與好的社會 [M].束宇，譯.北京：中信出版社，2012.

有強大的生命力。而 Facebook 即將推出的 Libra 加密貨幣更是強化了這一點，在其發出的項目白皮書上列出了六個排比句：「我們認為，應該讓更多人享有獲得金融服務和廉價資本的權利；我們認為，每個人都享有控制自己合法勞動成果的固有權利；我們相信，開放、即時和低成本的全球性貨幣流動將為世界創造巨大的經濟機遇和商業價值；我們堅信，人們將會越來越信任分散化的管理形式；我們認為，全球貨幣和金融基礎設施應該作為一種公共產品來設計和管理；我們認為，所有人都有責任幫助推進金融普惠，支持遵守網絡道德規範的用戶，並持續維護這個生態系統的完整性。」

普惠金融源於對金融排斥的修正，它的重點在於擴大金融服務的覆蓋面和服務層次，使得人人均能享有金融服務。民主金融則針對金融權利過於集中的問題，深化市場主體的參與度和改變權利結構，使得人人都能享有金融權利。必須注意的是，互聯網金融的價值不僅僅在於交易技術層面，其以各種新興技術為基礎，在互聯網精神的推動下，已經擁有自己的邏輯，那就是改變交易結構、顛覆權利契約。這一邏輯與民主金融存在諸多共通之處，從更長遠的視角看，互聯網金融只是金融行業發展中的一個中間階段，是更高級別的民主金融的起點。

第二節　消費者金融行為研究綜述

消費者金融行為是一個橫跨經濟學、金融學、營銷學和消費者科學等多學科的研究領域，其中消費者金融與行為經濟學密切相關，均為研究個體消費者行為模式的科學。消費者金融的相關研究可以追溯至 20 世紀 70 年代，但直到 21 世紀初主流經濟學和金融學才開始重視對消費金融的研究。本節將梳理國內外關於消費者金融行為的研究理論，從消費者金融行為的含義、描述與度量、影響與預測、消費者金融教育與消費者福利，以及消費者金融行為的研究理論五個方面作簡要綜述，整合對消費者金融行為的研究理論框架，為後續的研究奠定紮實的理論與實證研究的基礎。

一、消費者金融行為的含義

消費者金融行為從消費者個體的角度來考慮其所面臨的金融問題（王江、廖理、張金寶，2010），其廣義的定義是「任何與金融管理有關的人類行為」（Xiao，2008），狹義的定義是「利用所掌握的資產，在給定的情景下最大化滿

足消費者需求」（Raaij W F V., 2014）。肖經建（2011）明確地將其定義為「消費者選擇使用金融產品或接受金融服務的過程」，提出從定義、描述、理解和預測、改變、發展以及比較六個方面對消費者金融行為展開研究。廖理、張學勇（2011）從消費內容的角度認為消費者金融行為不僅包括消費問題，還包括消費者的資產配置問題，承認消費者作為普通購買者和投資者的雙重角色，並強調了家庭的重要性。王江、廖理、張金寶（2010）基於可得信息和數據往往以家庭為單元，認為「消費者面臨的金融問題就是家庭財富的增長及最優利用」。張攀、周星（2014）借鑑了消費者購買行為的定義，提出「消費者金融決策是包括獲取、分配、處置資金所採取的、以個人生活消費為目的的各種行動」；Raaij（2014）認為消費者金融行為應包括日常的現金管理活動、為未來的養老金儲蓄等財務計劃，以及購買和使用複雜的金融產品。

當前消費者金融行為的實質是消費者付出一定的財務成本去改變特定期限內的可支配資金流以匹配其消費需求，即消費者為了滿足短期的消費需求而支付利息進行借貸，並用未來的現金流來償還本息的行為。消費金融服務的客戶首先必須是有消費需求的消費者，若沒有消費需求而進行消費信貸的往往是以騙貸為目的。

綜上，消費者金融行為是以消費者為行為主體的研究。因此，由專業投資機構代理消費者個人購買股票、證券等投資類金融產品等行為的目的並非直接的生活消費，不在本書研究之列；一些不區分個人和家庭差異的研究，忽略家庭狀況和家庭結構對消費者個人金融行為或決策的影響是有失偏頗的；分析消費者個體的金融行為亦不能遺漏個體偏好、行為習慣、消費者心理、交易成本等因素的影響。因此，對消費者金融行為的研究必須基於對消費者金融行為主體的更詳細、更準確的認知和分析。

二、消費者金融行為的描述與度量

對消費者金融行為的描述與度量的區別在於，前者主要是定性的，而後者主要是定量的，兩者往往密不可分。即是說，完整地描述一個消費者金融行為應包含四個要素：行動、目標、情景和時間；度量消費者金融行為則包括有無、類別、區間和頻率等。以較為成熟的信用卡為例，有關的描述與度量可能是：該消費者是否持有信用卡、有什麼類型的信用卡、使用頻率如何、透支金額多少（額度、實際借貸金額）等。

對消費者金融行為的描述側重研究其存在的特點，往往有悖於傳統經典經

濟學的理論假設。包括消費者金融行為中存在「消費者偏見」（偏好）、生命週期性、金融需求的層次性（Xiao、Anderson，1997）等。

對消費者金融行為的度量，目前有代表性的是基於金融活動的內容使用量表來對消費者金融行為進行分類和度量。Hilgert（2003）從最基本的現金管理到負責任的投資多元化問題一共 18 個細化方面對金融行為進行測度；Dew、Xiao（2011）開發了從現金管理、借貸管理、儲蓄和投資以及保險管理四個方面來測量消費者金融行為的量表，並利用美國的數據進行統計分析認為該量表具有較高的可靠性；Anthony（2011）另加了養老金管理和總的金融行為共六個方面、35 個題目來測度消費者金融行為。還有 Despard 等（2014）從與花銷的密切程度、買東西是否比價、對資金使用做計劃、執行資金使用計劃、儲蓄的頻率五個方面來測量消費者金融行為。

三、消費者金融行為的影響與預測

計劃行為理論認為人的行為由四個因素決定：態度、主觀規範、感知控制和意願（Ajzen，1991）。通過對消費者金融行為的描述與度量，挖掘其發生情景、影響和驅動因素，將有助於後續探討消費者金融行為可能產生的問題、後果。有代表性的研究主要從人口統計因素、社會因素、經濟因素、心理因素四個方面展開。

具體地，人口統計因素的研究：較為廣泛地涵蓋了年齡[①]、性別（毛華配、廖傳景、黃成毅等，2014；吳衛星、譚浩，2017）、受教育程度、金融素養、家庭生命週期等導致消費者異質性、使得金融資產選擇和配置差異化、進而影響消費者金融行為的重要因素；社會因素的研究：消費者會以其他人，尤其是收入高於自己的人群購買和擁有的物品為參照，社會誠信水準、居民之間的社會連接度等社會互動關係都會產生影響；經濟因素的研究：經濟因素對消費者金融行為的影響不僅表現在消費者個體收入及家庭的財富狀況等微觀因素方面，還體現在宏觀經濟中的利率水準、通貨膨脹率水準、經濟週期、金融產品的供給狀況和價格水準、金融風險及不確定性等方面；心理因素的研究：主要包括對經濟的信心和對金融機構的信任、自我控制能力強弱、金融態度、過度自信、時間傾向，以及對風險的主觀感知等。

---

① 吳衛星，譚浩. 夾心層家庭結構和家庭資產選擇——基於城鎮家庭微觀數據的實證研究[J]. 北京工商大學學報（社會科學版），2017（3）：1-12.

四、消費者金融行為與消費者福利

隨著心理學中的幸福感被越來越多的經濟學家引入經濟學研究（Clark et al., 2008），消費者金融行為的研究中也開始考慮消費者福利。消費者作為市場最重要的組成部分，應在信息充分的條件下積極參與一個健康、可持續的金融市場。研究表明：一方面，消費者在消費決策時存在很多非理性，以及認知方面的局限性；另一方面，擁有良好的金融行為可以提高人們的幸福感，理財行為越好的人對自己的財務狀況越滿意，且行為存在溢出效應。良好的理財行為不但能夠增加對自身財務狀況的滿意度，還可以增加對自己學術表現、甚至對整個生活的滿意度（Xiao, 2008）。

五、消費者金融行為的研究理論

（一）生命週期理論

絕對收入假說、持久收入假說以及生命週期假說理論都是與消費者金融行為相關的經濟學經典理論。其中，生命週期理論備受批評，行為經濟學家堅信消費者的有限理性，並因此認為消費者的實際行為往往與該理論的說法背離，但是不能因此否認生命週期假說理論仍是許多經濟學家研究消費者行為的基礎。

（二）動機理論

對動機的研究通常是金融行為理論研究的起點。預防性儲蓄假說分析了消費者在其可支配收入不確定的情況下，傾向於採取更為謹慎的消費行為，當不確定性程度較高時，消費者更傾向於使用現期收入消費，這時，生命週期假說消費行為就無法解釋消費者行為。緩衝存貨儲蓄假說認為消費者對時間偏好較強，他們會確保儲蓄的價值不變，並因此減少當前消費而增加未來的儲蓄。凱恩斯曾提出八個儲蓄動機：謹慎、生命週期、時間替代、改進、獨立、創業、饋贈和節儉，這些金融行為動機表明了消費者儲蓄需求具有層次性。

（三）行為經濟學理論

卡尼曼以心理學和經濟學的研究成果為基礎豐富了行為經濟理論，認為現實中的消費者個體並非如傳統理論認為的那樣理性，心理因素對其當期金融資產選擇行為和後期投資決策方式都會產生顯著的影響。行為生命週期理論將財富劃歸為三個心理帳戶：當期現金收入帳戶、當期資產帳戶和未來收入帳戶，認為消費者對待不同心理帳戶的消費傾向不同。行為金融學突破了傳統投資組

合理論中關於理性人和投資者風險厭惡的假設限定，以損失厭惡為依託，並進一步提出了行為資產組合理論，不僅探討了行為主體的心理因素和行為表現，還分析了這些心理因素對個體金融產品選擇和資產配置的影響。

（四）行為學理論

行為學理論中主要採用計劃行為理論來解釋和預測人類的行為。Xiao 等研究了貸款管理計劃行為中影響消費者行為的因素，發現態度和感知行為控制對行為有顯著的影響，但是主觀行為規範對行為的影響不顯著。此外，研究還發現服務的滿意度對行為影響顯著。

行為改變模型（TTM）綜合了心理學和行為學，可用於改變消費者的金融行為。比如將 TTM 應用於幫助消費者解決信用卡債務過度的問題，通過制定措施來幫助消費者改變金融行為，以消除不良信用卡債務；還被用於對低收入消費者的金融教育計劃的研究；甚至被用於使女性成為更好的投資者提供相關建議的研究（Loibl C、Hira T K，2007）。

第二章　自金融趨勢下的消費金融發展

第一節　自金融的背景與內涵

一、自金融產生的背景

中國經濟增長方式由投資、出口拉動逐漸轉向消費驅動，消費對經濟增長的拉動作用持續增強，也因此對相應的消費金融服務提出了更高的要求。深化金融服務改革、提供普惠金融成為發展趨勢，為自金融概念的提出提供了金融、政策和技術背景。

（一）金融背景

中國金融體系中尚存在的一些低效率或扭曲現象為自金融的產生創造了空間和需求。長期以來，中小企業和「三農」的金融需求未能從正規金融機構處得到有效滿足，與此同時，以民間金融為代表的非正規金融因其內在局限性而導致風險事件頻發；經濟結構調整產生了大量消費信貸需求，除房貸、車貸外的絕大部分並不能從正規金融機構處得到滿足；在存貸利差未市場化的情況下，銀行利潤較其他行業長期高企，各類資本都有進軍金融行業的積極性；受管制的存款利率[①]經常超不過通貨膨脹率，股票市場多年不景氣，加之房地產市場的購房限制，老百姓的投資理財需求得不到有效的滿足；證券、基金、保險等產品銷售受制於銀行渠道，因而有動力拓展網上銷售渠道。傳統金融向互聯網金融、金融科技轉型是大勢所趨，即從行業導向方面為自金融提供了內在

---

① 2015年10月23日中國人民銀行宣布對商業銀行和農村合作金融機構等不再設置存款利率浮動上限。

驅動力。此外，社會金融化程度的推進使金融交易主體的整體金融素養和能力得到顯著提升，但有著更高水準的金融知識和技巧的消費者更喜歡獨立於他人，他們自控能力強，並且傾向於自己處理金融交易，通常選擇互聯網作為其金融行為的主要渠道和工具。與此形成對比的是，那些金融知識儲備較少的消費者則往往不親自過問大多數金融產品及交易，而是需要專業顧問來幫其處理金融問題。

（二）政策背景

自金融的興起離不開政策面的支持，尤其是近年來政府對互聯網金融、消費金融行業的日益重視、鼓勵和支持。隨著「互聯網+」戰略的深入推進，互聯網技術與金融更加緊密地結合在一起。如前所述，2012年互聯網金融概念被首次提出；2013年被定義為「互聯網金融元年」；2014年互聯網金融被寫入了李克強總理的《政府工作報告》，促進了互聯網金融的健康發展並在國家政策層面得到高度重視；2015年國務院頒布了《關於促進互聯網金融健康發展的指導意見》，明確了互聯網金融業態的邊界和監管分工；黨的十九大明確提出「中國社會主要矛盾已經轉化為人民日益增長的美好生活需要和不平衡不充分的發展之間的矛盾」。在服從宏觀調控和金融穩定的總體要求下，各項鼓勵金融創新的政策為自金融概念的提出提供了制度保障和政策指引，也因此印證了「金融創新必須堅持金融服務實體經濟的本質要求」。

（三）技術背景

互聯網技術因素對金融的滲透和影響體現在技術和精神兩大方面。

1. 互聯網技術的影響

互聯網技術的影響主要包含移動支付、第三方支付、大數據、社交網絡、搜索引擎、雲計算等方面，互聯網的信息技術屬性顯然與金融的信用屬性天生契合。金融的本質是把資源等價於資金，實現資源的標準化、可計價、可存儲、可流通，實現資源跨時空、跨行業的優化配置，實現帕累托最優。互聯網技術則可以使信息開發並自由地傳輸。互聯網技術與金融的結合有效緩解了傳統金融因為信息割裂導致的不對稱問題。尤其是大數據、移動互聯網、雲計算的廣泛使用，將海量、鮮活的相關數據整合，規避了抽樣、模型、參數等錯誤導致的風險錯誤定價，使金融資源配置有了正確的信號導向，信用風險定價有了合理的依託，提高了風險定價和風險管理效率，擴展了金融交易與服務的可能性邊界，使資金供求雙方直接交易，對金融交易的組織方式產生了深遠的影響。

2. 互聯網思維的影響

傳統金融是「精英化」的，講究專業資質和准入門檻，不是任何人都能享受到金融服務的。互聯網思維的核心是「開放」「共享」「去中心化」「平等」「自由選擇」「普惠」「民主」。以互聯網技術首先介入的支付為例，它使支付變得便捷、高效、無摩擦，帳戶作為節點存在，第三方支付，尤其是移動支付，最終使終端分散化、帳戶數字化、平臺標準化，無差別的支付使整個支付體系運行順暢，使互聯網精神得到最切實的彰顯。

二、自金融的三重內涵

(一) 宏觀層面

宏觀層面的自金融，指金融自由化的宏觀環境。自20世紀70年代以來，金融自由化理論經歷了兩次劃時代的革命，即經典的金融自由化，亦稱金融深化理論和金融自由化次序理論[①]。金融深化理論通過對欠發達的發展中國家經濟的研究，認為發展中國家普遍存在金融市場不完全、資本市場嚴重扭曲和政府對金融「綜合干預」等狀況，因而主張政府對金融的過度干預，增強國內的籌資功能以改變對外資的過度依賴，尤其對利率和匯率實施市場化，使利率能反應資金供求、匯率能反應外匯供求等；金融自由化次序理論認為發展中國家金融深化、金融自由化是有先後次序的，只有按照一定的次序開展，才能保證發展中國家經濟發展的穩定性。

當前的金融自由化集中表現為金融管制的逐步放寬，甚至取消，傳統金融的壟斷性、信息專業優勢受到了來自開放的、大眾化的互聯網金融的挑戰。伴隨著中國金融創新產品的層出不窮、金融混業的趨勢日益顯現，金融科技日益深化，民營金融機構，尤其是民營銀行的湧現，都標明中國金融自由化進程的加劇。中國金融自由化進程的深入，首先會帶來金融在經濟中所處地位，以及對整個經濟影響力的提升，所謂「成也金融、敗也金融」，金融深化如何為實體經濟服務、而非滋生經濟泡沫、導致經濟脆弱性的誘因，將成為我們關注的重點；其次，金融自由化的宏觀環境會帶來財富管理市場的繁榮；最後，互聯網、科技的進步必然消除金融抑制、推動金融自由化，根據宋揚、喻平 (2018) 對互聯網金融推進中國金融自由化的實證檢驗，認為「互聯網金融市場規模對金融自由化有顯著的正面影響，互聯網金融風險對金融自由化則有負面影響」。

---

① 張延良. 金融自由化理論演進分析 [J]. 經濟論壇, 2004 (20): 98-99.

(二) 中觀層面

中觀即行業層面的自金融,指行業組織的自秩序、自律性[①]。普泛化的自金融參與主體遵循不同於傳統金融的規則和秩序運作,對監管提出了新的要求。即自金融背景下審慎監管應向行為監管、功能性監管轉型,秉承底線監管、金融消費者保護的原則,凸顯行業自律組織的作用,提升自金融主體的自律性。首先,金融的新發展往往意味著監管甚至法律缺位可能經常出現,就對行業自律提出了更為迫切的需求,即行業自律必須奉行積極主義,主動走在法律和監管的前面,建立高於法律和監管要求的行業信用體系、風險約束體系和從業道德規範;其次,互聯網金融行業的迅猛發展以及金融科技的不斷創新,給金融消費者權益保護、交易主體信息安全、行業健康發展等帶來了巨大挑戰;最後,在各金融交易主體「各自為政」的利益驅動下,行業自律機構的建立、行業自律公約或章程的制定、行業信用信息共享、行業自律協會主導的社會監督等均有助於有效守住底線、防範群體性金融事件、嚴控系統性金融風險。

(三) 微觀層面

微觀層面的自金融,指金融交易參與主體的平民化、普泛化和自主化。追求效率、平等、共享的互聯網人格一旦與金融相契合,金融隨即呈現去媒介、去中心化的特性,以互聯網為介質的自金融產品具有低門檻、易操作的特點,使金融交易參與主體更平民化、大眾化和普泛化,且在自金融資產和負債交易決策時擁有更大的自主權,自擔風險。在傳統金融服務與實體經濟的世界裡,個人與團體、企業等一切的組織機構都是自金融需要的載體。總體來看,未來市場容量極大。因此,自金融參與主體分為兩大類,一類是企業,即非金融企業、中小企業等;另一類是消費者個人,即更平民化、大眾化的自然人。

1. 企業層面的自金融

「企業自金融」的概念由寧小軍(2017)提出,自金融就是非金融企業如何利用經營數據、經營場景和流量,依託信息技術,提供投資、融資、支付結算與增值等綜合金融信息服務。從本質上看,企業自金融屬於商業信用,具有自發性、分散性和高風險等特徵(姚長輝,2017),信息技術的發展突破了自發性和分散性特徵的障礙,使得企業自金融有了快速增長。寧小軍指出「企業自金融依託互聯網,服務主業、提供綜合金融信息服務,具有區別於傳統金

[①] 尹麗. 自金融背景下消費者金融教育的理論、現狀及建議 [J]. 武漢金融, 2018 (6): 36-40.

融及其他金融形態的特徵和比較優勢。而企業在開展自金融過程中，能夠為自身帶來多元化的價值，其核心是提升主業、完善供應鏈、優化經營、促進營收，並實現品牌與價值的提升。企業自金融將成為現有金融體系的重要補充，與傳統金融形成以合作互補為主、競爭促進為輔的競合關係，從而能夠營造企業自金融健康發展的良好環境」。且從技術應用的角度來看，企業自金融更廣泛且深度地應用了互聯網、大數據、雲計算、人工智能、區塊鏈等時代前沿技術，是整合了眾多高新技術的應用結合體。

2. 個人層面的自金融

傳統金融體系中消費者個人往往既是資金提供者（債權人、投資者），又是資金的使用者（債務人）。新金融並不改變資金融通、信用仲介等基本功能，但在新金融體系中，個人自金融指通過互聯網的用戶聚合和高速傳播的特點，為用戶提供直接的投融資服務，取代了原有的機構渠道來進行融資和投資。這就意味著越來越多的消費者個人都能進入金融體系，享受適合自身的金融服務——一方面在金融交易或契約關係中擁有更為多元化的身分，轉換的頻率也更快；另一方面隨著金融交易門檻的降低，新的消費者個人成為金融交易的主體，直接擴大了新金融的市場規模。更進一步，自金融往往是以貨幣而非商品為載體的，通過這一方式可減少向周圍熟悉群體尋求幫助，因而具有自給自足性、自我複製性和自我擴展性。

理解自金融中的「自」，首先應理解「自我概念」（Self-Concept）。與自我概念相關的理論大致有四種：一是 William James 用 Self（自我）提出的「心理學自我概念理論」，將自我區分為作為經驗客體的我（me）和作為環境中主動行動者的我（I），前者包括精神的我、物質的我和社會的我；二是以弗洛伊德為代表的精神分析學派用 ego（自我）表示自我概念，認為 ego 是人格的執行者，協調本我和超我的關係；三是庫利（Cooley）從社會心理學視角提出的自我是通過人際關係建立的；四是羅杰斯從現象學意義上提出的人本主義的自我概念。自我概念存在於消費者的心理活動中，對於金融心理、金融行為有著深刻的影響和制約作用，具體表現在：

（1）自我概念影響消費者對金融產品的偏好。消費者購買金融產品和服務的目的是表現自我意象，也就是說，一旦形成了某種自我概念，就會在這種自我概念支配下產生相應的金融消費行為。

（2）自我概念影響對金融產品價格的認同。因為金融產品/服務的價格反應了金融產品/服務擁有者的社會政治、經濟地位，消費者在金融行為中會參照自己的真實自我概念和理想自我概念對金融產品價格加以認同。

綜上所述，自金融這一新趨勢、新提法的產生有其客觀的經濟、金融以及技術背景，宏觀、中觀以及微觀層面的內涵適用於不同的情景。而本書研究的對象是消費者金融行為，因此決定了本書所指的自金融趨勢和背景選擇的是微觀層面的自金融，即金融交易主體的平民化、普泛化和自主化，加之篇幅所限和筆者的研究偏好，本書進一步地明確為消費者個人視角，而非企業視角。且筆者以為，這一自金融趨勢符合人性、符合中國金融自由化進程，也與科技與金融的融合趨勢相契合，以此為背景展開對消費者金融行為的研究與分析將更具有現實性和前瞻性。

三、自金融與互聯網金融的對比

自金融源於互聯網金融，但並不等同於互聯網金融，有必要在此對兩者作適當辨析。

（一）相同之處

（1）以去中心化的互聯網思想為基礎，在交易成本降低、交易效率提升等方面具有共性。支付環節，支付便捷、超級集中支付系統和個體移動支付統一（以區塊鏈技術為代表）；風險控制環節，信息處理和風險評估通過網絡化方式進行，信息不對稱程度降到最低；資金融通環節，資金供需雙方在資金匹配、風險分擔等環節的成本極低，可以直接交易；銀行、券商、交易所等金融仲介不再起作用，各種金融工具的發行、交易、交割等直接在網絡上進行。市場充分有效的假設下，去中心化、無金融仲介的狀態可有效實現資源優化配置，促進經濟增長，大幅降低交易成本。

（2）以互聯網技術為基礎，決定了交易媒介、產品銷售方式以及產品協議簽訂方式相似，均強調用戶體驗。全新的金融生態系統，為客戶提升了更便捷、高效、簡潔的客戶體驗，有助於自金融可持續發展。

（3）服務於長尾客戶的廣覆蓋性。互聯網金融和自金融模式下，客戶能夠突破時間和地域的限制，在互聯網上尋找金融資源，服務更直接、客戶基礎更廣泛、覆蓋了一部分傳統金融業的服務盲區，尤其是通過為傳統金融行業的長尾市場（中小客戶群體和小微資金融通需求）服務，增強了客戶黏性，實現了金融普惠民生的目標。

（4）高風險性。較之傳統金融，新興的互聯網金融、自金融往往缺失相應的法律法規監管，造成了管理薄弱，有風險隱患；相關信用信息的共享機制尚待建立與完善，缺乏准入門檻和行業規範，因而面臨政策和法律風險。

（二）不同之處

（1）側重點不同。互聯網金融側重於技術，是技術導向的，與大數據、

雲計算、移動互聯等技術密不可分。互聯網金融的數據與技術給金融帶來了巨變，也是降低金融交易成本、緩解金融風險的主要手段，但其帶來了交易主體和交易結構的變化，以及潛在的金融民主化，個體間的直接交易將伴隨著互聯網金融技術的發展大幅提高，這種行為主體和參與方式將具有革命意義①。即技術進步是自金融產生的必要但不充分條件，其產生的動因除了技術進步，還包括社會進步、金融管制放鬆、信息對稱和交易主體個性的蘇醒和覺悟等。因此自金融的側重點不是技術，而是側重於金融交易的主體角度，是一種基於「主語」轉換的模式改變，是主體導向的。自金融的基本訴求是透明、自主、平等、效率和公平，交易主體的自主性、能動性得到空前的重視，經營模式將從「價差」時代走向「服務」時代，其可持續發展對如何「自律」提出了更高的要求。

（2）產生階段不同。先有互聯網金融，而後有自金融。互聯網金融分為三個層次：替換——優化——創新。替換是指對傳統金融業務流程中某些環節的直接替代和更換，比如票據的電子化、無紙化；優化是指再造金融業務流程本身，即簡化、升級或重構，如很多銀行推出的網上銀行業務和互聯網基金代銷；創新則是指創造全新的業務流程，比如P2P網絡借貸、眾籌、區塊鏈、電商供應鏈金融、智能投顧，等等。顯而易見地，互聯網金融是自金融產生的基礎，已經基本完成了傳統金融機構與金融業務的互聯網化（替換）、基於互聯網的金融業務優化再造兩大階段。而自金融可以被認為是互聯網金融發展歷程中的第三個階段，與前兩個階段最大的不同在於，自金融通過共享經濟方式對金融資源進行優化配置，將金融資源從金融仲介機構中解放出來，重新與仲介機構建立新的業務模式和利益分配體系。因此自金融是互聯網金融的升級階段。

（3）對自律要求的程度不同。較之互聯網金融，可持續的自金融有賴於消費者負責任的金融行為的實施，而自我管控則是負責任的金融行為中最重要的心理因素。擁有可實現的財務目標和生活目標，以及相應的理財規劃，並按照這個計劃持續作為，是掌控個人財務狀況的一種方法，也是一種負責任的經濟行為。針對消費者金融行為，自我控制在預防消極狀態方面可發揮如下的作用：①避免誘惑，繼而避免慾望；②控制衝動消費；③增強意志力；④如有需要，運用預先承諾。消費者本身必須瞭解金融產品的相關信息，對自己的金融

---

① 王念，戴冠，王海軍. 互聯網金融對現代金融仲介理論的挑戰——兼論對金融民主化的影響[J]. 產業經濟評論，2016（1）：71-77.

行為作出管理；必須為滿意的金融行為做出決策；如果意志力不足，預先承諾和暫時性自由限制可以幫助人們處於正確的軌道上，並最終增強其滿意度、快樂感和幸福感。

第二節　自金融趨勢下消費金融的發展

一、全球消費金融發展沿革

（一）國外消費金融發展史

消費金融發展最早、且最具代表性的國家和地區有美國、歐洲和日本。

1. 美國的消費金融

美國的消費金融萌芽於19世紀的農民分期購買農具。20世紀初，隨著工業革命的到來，移民組成的美國社會城市化、工業化進程的加深，汽車逐漸取代農具成為美國民眾最大的消費品，汽車行業的蓬勃發展帶動了美國消費金融的快速增長，滲透率及普及率大幅提升。20世紀30年代，美國超過六成的汽車由消費者分期購買。即美國的汽車消費金融最早由生產商（最早是以福特、通用為代表的汽車生產廠商）發起，旨在減少庫存、增加銷量和銷售收入；而後，商業銀行等金融機構加入。二戰以後，消費金融在美國迎來了爆發式增長：越來越多的消費信貸產品覆蓋了生活中的方方面面；個人信用體系的不斷完善、數據處理能力的提升、法律法規的完善、風控體系的建立健全都推動了消費金融的發展，滲透率不斷提高，使消費金融覆蓋的人群不斷下沉；用途也從日常耐用品擴展至旅遊、教育、美容等領域；消費者亦從被動變為更自主地選擇金融消費產品及利率。目前美國消費金融市場的主要參與者是商業銀行、消費金融公司、信用社、聯邦政府和儲蓄機構、證券化信貸資產發放機構、非金融機構等。美國消費金融的目標客群為收入水準偏低、但尚穩定的群體，該類客戶主要是年輕人，在教育、戀愛、結婚、住房、裝修、旅遊等方面有較大的剛性資金需求。

美國的消費信貸分為循環信貸和不可循環信貸。循環信貸指消費金融機構根據借款人的信用評估結果給予相應的授信額度，借款人可以在授信額度內進行消費。循環信貸沒有固定的還款期限，主要有信用卡貸款、循環房屋淨值貸款等；非循環信貸指當借款人完成還款，相應還款金額不能再次進行借貸，即借貸通常為單筆、額度無法循環，主要有學生貸款、汽車貸款、耐用消費品貸款、無抵押個人貸款、個人資金週轉貸款、個人債務重組貸款等。在居民貸款

結構上，住房貸款占比近80%，餘下20%是消費信貸，其中循環貸款占比為5.44%，主要是信用卡貸；不可循環貸款占比為15%，以學生貸款和汽車貸款為主。

美國消費金融的持續發展得益於兩點，一是市場化的徵信體系，二是開放透明、旨在權益保護的監管理念。市場化的徵信體系，是通過商業化徵信機構收集、整理、加工信息及數據，製作並提供徵信報告，向全社會提供全面的徵信服務；政府則負責提供立法支持和監管，規範信息採集、整理、存儲及加工流通的規則，確保機構之間的有序競爭。具體在個人徵信領域，美國國家信用管理協會（National Association of Credit Management，NACM）制定用於個人徵信業務的統一標準數據報告格式和標準數據採集格式，以益百利（Experian）、艾克菲（Equifax）、環聯（TransUnion）為代表的三家主流機構負責數據採集，再形成信用評分產品，如 FICO score，vantage score，credit report 等，最後應用於各種場景。監管方面，美國消費金融監管秉承消費市場透明公開、保護消費者權益的理念，並未針對消費金融機構實施監管，即並不限制消費金融機構的資金來源、業務範圍、產品種類等，而主要以消費者權益保護為視角對業務進行監管。20世紀60年代通過限制產品以及利率上限來保護消費者，70年代各州通過法律在消費金融的各個流程階段保護消費者，90年代通過《金融服務現代法》，消除銀行、保險、證券在業務上的邊界，消費金融市場的金融機構出現多元化。2008年金融危機後，美國啟動金融監管的全面改革，設立消費者金融保護局，保護消費者的正當權益。

2. 歐洲的消費金融

歐洲的消費金融落後美國近半個世紀，始於20世紀50年代，原因有二：一是歐洲的工業革命和全球擴張帶來巨額財富，民眾無須通過信貸滿足消費需求；二是基督教勤儉進取的教義在歐洲被廣泛接受，也在一定程度上抑制了消費信貸的發展。歐洲經濟在二戰期間遭遇重創，民眾生活拮據，工業革命導致了週期性的供給過剩，生產廠商急需消減庫存，居民，尤其是中低收入的年輕人也對利用信貸滿足日常生活所需有了需求，分期付款方式無論對於生產廠商和民眾雙方都是最有效的。與美國類似，歐洲消費金融主要定位於收入不高，但來源穩定的年輕人群，他們往往有著相對開放的消費觀念，有旅遊、婚慶、房屋裝修、教育等消費需求。依照消費貸款用途，歐洲消費金融主要分為特定用途貸款和無特定用途貸款兩大類，前者主要有家庭耐用消費品、銷售商戶POS貸款、商家會員卡、汽車貸款、住房裝修貸款等，類似於美國的非循環貸款；後者主要包括現金貸款、現金透支、循環信用等，一般無須提供擔保，以

借款人的誠信和還款能力作為放款依據，相當於美國的循環貸款。

在客戶獲取方面，歐洲消費金融有直接營銷與間接營銷兩種模式。前者指消費金融機構直接發展客戶並與之進行交易，此種模式需要較多的分支機構或營業網點作為支撐，其代表有 Cetelem（法國巴黎銀行集團旗下消費金融公司）；後者指消費金融機構通過與經銷商或零售商合作擴大客戶群體，例如與大型零售商合作，由零售商向消費者營銷，鎖定目標客戶並向其提供消費貸款，即是由零售商尋找客戶並負責客戶風險審查、客戶甄別、辦理貸款手續、負責後續貸款催收，消費金融公司承受的風險相對較小，其代表性的公司有捷信。

在徵信模式上，歐洲普遍採用公共徵信模式，以中央銀行建立中央信貸登記系統為主體，主要由政府出資，建立全國數據庫，組成全國性的調查網絡，運用行政手段要求數據供應商向公共徵信機構提供信用信息及數據。該模式有助於保證信息及數據的真實性，進而確保信用信息數據庫的權威性，為絕大部分歐盟成員國採用。

在政策監管上，1995年歐盟頒布的《涉及個人數據處理的個人權利保護以及此類數據自由流動的指令》（Directive on the Protection of Individuals with Regard to the Processing of Personal Data and on the Free Movement of such Data, EU 95/46/EC，簡稱《數據保護指令》），明確規定了徵信信息的收集、保存、處理、獲取和刪除的相關規則，成為歐盟徵信機構存在和運行的前提和基礎；另外，《消費者信用指令》《歐盟消費者權利指令提案》《關於消費者信貸合同以及廢除第87/102/EEC號指令的第2008/48/EC指令》等一系列法案，構成了旨在保障消費者權益、維護消費金融市場穩定的徵信體系和消費者保護制度。

3. 日本的消費金融

日本的消費金融產生於二戰之後，差不多與歐洲同步，卻是亞洲消費金融起步較早且發展最為成熟的國家。日本消費金融源於日本流通企業、零售企業（以百貨店為代表）開展按月分期付款的消費信貸服務。以日本的世尊公司為例，其前身是分期付款的百貨店，先是發行限於集團內部使用的信用卡（house card），之後與 Visa 合作發行國際信用卡。

日本消費金融高速發展的同時也帶來了諸如借款人多重債務、消費者破產、消費者權益受損等問題。21世紀初的日本消費金融頭號巨頭武富士的破產讓日本開始反思消費金融發展帶來的經濟問題和社會問題，明確了制定法律法規勢在必行，其法律法規的制定與實施的目的在於規範市場、保護消費者、救濟債務人、維護業界秩序等，具體涉及徵信、消費者權益保護、催收等諸多環節。

在消費金融服務供給方面，以消費者無擔保貸款公司、信用卡公司、分期

付款公司等非銀機構為主，有名的四大巨頭包括三井住友財團旗下子公司Promise、三菱財團旗下子公司Acom、Atful，以及三井住友財團旗下消費金融公司Mobit。非銀行系的代表公司為日本歐利克公司，其兩大股東為瑞穗金融集團及伊藤忠商事，其消費金融資產規模高達42 987億日元；在需求對象上，日本消費金融主要為工薪階層、家庭主婦、學生等服務；從服務領域上，主要是汽車、教育、旅遊、醫療、婚慶、電子產品等方面的消費。

日本採取會員制徵信模式。20世紀70年代以後，日本徵信機構從分散的、各地方的徵信機構開始整合，走向集中化，即日本銷售信用業、消費信貸業、銀行業協會分別整合區域信用信息中心，逐漸發展成為全國性行業徵信機構。1984年信用信息中心（CIC）成立，整合分散在日本各地的個人銷售信用信息中心；1986年，33家個人消費信貸信息中心合併，成了日本信息中心（JIC），對個人消費信貸信息進行整合；1988年日本全國銀行信息信用中心（BIC）成立，整合了分散在日本各地的25家銀行個人信用信息中心；與此同時，三大行業信息中心為了進一步界定風險、解決個人多重負債的社會問題，成立了三方信息協會，實施信息交換，建立了全面的徵信制度。

在監管制度上，日本分別於1961年、1983年頒布了《分期付款銷售法》和《貸款業規制法》。之後又針對行業亂象、暴力及非法催收等嚴重社會問題頒布了比歐美更為嚴格的法律制度，例如旨在保護消費者信息的《行政機關保有的電子計算機處理的個人信息保護法》（1998年）和《個人信息保護法》（2003年），這些法律明確了對個人人格的基本理念、國家以及地方公共團體對個人信息的處理職責、個人信息保護措施等基本事項。

（二）中國消費金融發展沿革

1. 中國消費金融發展的代表性事件

1987年，中國商業銀行開始開辦耐用消費品貸款業務，標誌著中國消費金融行業發展的起點；1999—2009年為中國消費金融行業的正式萌芽期，應中國人民銀行的要求，商業銀行面向城市居民開展全面消費信貸業務，但囿於當時整個中國經濟的發展水準、社會消費模式、居民較為保守的消費理念，以及科技金融發展水準較為落後而發展緩慢。2004年，消費金融領域發展已較為成熟，來自中東歐的PPF集團正式進入中國。

2009年8月《消費金融公司試點管理辦法》出抬，確立了北京、上海、天津、成都4個試點城市。之後消費金融市場參與主體更加豐富，而且各種參與主體開始探索利用互聯網開展消費金融業務的新模式。截至2018年，持牌消費金融公司共有25家（見表2-1）。

表 2-1 中國消費金融公司簡表　　　　　　　　　單位：億元

序號	消費金融公司	股東背景	獲批時間	地區	註冊資本
1	中銀消費金融	中國銀行（40.02%）、百聯集團（20.84%）、陸家嘴金融發展有限公司（12.55%）、中銀信用卡（國際）有限公司（12.37%）、深圳市博德創新投資有限公司（8.8%）、北京紅杉盛遠管理諮詢有限公司（4.5%）	2010.01	上海自貿區	8.89
2	北銀消費金融	北京銀行（35.29%）、桑坦德消費金融公司（20%）、利時集團（15%）、聯想控股（5%）、大連萬達（5%）等	2010.01	北京	8.5
3	錦程消費金融	成都銀行（51%）、馬來西亞豐隆銀行（49%）	2010.01	成都	3.2
4	捷信消費金融	PPF集團100%持股	2010.02	天津	70
5	招聯消費金融	香港永隆銀行（50%）、中國聯合網絡通信有限公司（50%）	2014.08	深圳	28.5
6	興業消費金融	興業銀行、福建泉州市商業總公司、特步（中國）、福誠（中國）	2014.10	泉州	5
7	海爾消費金融	海爾集團（30%）、海爾集團財務有限責任公司（19%）、紅星美凱龍國際家具建材廣場有限公司（25%）、浙江逸榮投資有限公司（15%）、北京天童賽伯信息科技有限公司（10%）	2014.12	青島	5
8	蘇寧消費金融	蘇寧雲商集團、南京銀行、法國巴黎銀行個人金融集團、先聲再康江蘇藥業有限公司、江蘇洋河酒廠股份有限公司	2014.12	南京	5
9	湖北消費金融	湖北銀行、TCL集團、武漢商聯（集團）股份有限公司、武漢武商集團股份有限公司	2014.12	武漢	5
10	馬上消費金融	重慶百貨大樓股份有限公司、陽光財產保險股份有限公司、物美控股集團有限公司、浙江中國小商品城集團股份有限公司、重慶銀行股份有限公司、北京中關村科金技術有限公司	2014.12	重慶	22.1

表2-1(續)

序號	消費金融公司	股東背景	獲批時間	地區	註冊資本
11	中郵消費金融	中國郵政儲蓄銀行股份有限公司（51.5%）、DBS BANK LTD.（12%）、渤海國際信託股份有限公司（11%）、廣東三正集團有限公司（3.5%）、拉卡拉網絡技術有限公司（5%）、廣東海印集團股份有限公司（3.5%）、廣州市廣百股份有限公司（3.5%）	2015.01	廣州	30
12	杭銀消費金融	杭州銀行（41%）、西班牙對外銀行（30%）、浙江網盛生意寶股份有限公司（10%）、海亮集團（10%）、中輝人造絲有限公司（4.5%）、浙江和盟投資集團有限公司（4.5%）	2015.01	杭州	5
13	華融消費金融	中國華融資產管理股份有限公司（55%）、合肥百貨大樓集團股份有限公司（23%）、深圳華強資產管理有限責任公司（12%）、安徽新安資產管理有限公司（10%）	2015.10	合肥	15
14	盛銀消費金融	盛京銀行股份有限公司（50%）、順峰投資實業有限公司（20%）、大連德旭經貿有限公司（20%）	2015.11	瀋陽	5
15	富滇消費金融	富滇銀行（39%）、視覺中國（27%）、廣東網金控股股份有限公司（22%）、昆明順城若晉商貿有限公司（12%）	2015.12	雲南	3
16	晉商消費金融	晉商銀行股份有限公司（40%）、奇飛翔藝軟件有限公司（25%）、天津宇信易誠科技有限公司（20%）、山西華宇商業發展股份有限公司（8%）、山西美特好連鎖超市股份有限公司（7%）	2016.01	太原	5
17	長銀消費金融	長安銀行股份有限公司（51%）、匯通信誠租賃有限公司（25%）、北京意德辰翔投資（24%）	2016.05	西安	3.5

表2-1(續)

序號	消費金融公司	股東背景	獲批時間	地區	註冊資本
18	哈銀消費金融	哈爾濱銀行股份有限公司(59%)、蘇州工程軟件有限公司(15%)、上海斯特福德置業有限公司(9%)、北京博升優勢科技發展有限公司(10%)、黑龍江賽格國家貿易有限公司(5%)、黑龍江信達拍賣有限公司(2%)	2016.09	哈爾濱	5
19	幸福消費金融	神州優車股份有限公司(33%)、張家口銀行股份有限公司(38%)、藍鯨控股集團有限公司(29%)	2016.11	張家口	3
20	尚誠消費金融	上海銀行(38%)、攜程旅遊網絡技術(上海)有限公司(37.5%)、深圳市德遠益信投資有限公司(12.5%)、無錫長盈科技有限公司(12%)	2016.11	上海	10
21	中原消費金融	中原銀行(55%)、上海伊千網絡信息技術有限公司(35%)	2016.12	鄭州	5
22	包銀消費金融	包商銀行股份有限公司(73.5%)、深圳薩摩耶互聯網科技有限公司(25%)、百中恒投資發展(北京)有限公司(0.4%)	2016.12	包頭	3
23	長銀五八消費金融	長沙銀行(51%)、城市網鄰(33%)、通程控股(15%)	2016.12	長沙	3
24	易生華通消費金融	吳江銀行(15%)、海航旅遊(30%)、珠海鏵創(20%)、明珠深投(15%)、亨通集團(20%)	2017.01	珠海橫琴	10
25	金美信	中國(臺灣)信投銀行(34%)、廈門金圓集團(33%)、國美控股(33%)	2018.05	廈門	5

2013年以來，消費金融市場幾家代表性公司的迅速成長與擴展是市場進入啓動期的標誌。具有代表性的有：2013年8月專注大學生消費場景的分期購物商城「分期樂」成立，並上線營運；2013年10月京東金融成立，擁有白條、金條、小白卡（銀行聯名信用卡）、鋼鏰等消費金融業務；2014年10月螞蟻金服集團成立，逐步擁有了包括民營銀行、證券、保險、基金、基金銷售、信託、第三方支付、小額貸款、企業徵信等在內的金融全牌照。

2015年，消費金融全面放開試點、推至全國，開啓井噴式發展元年。

2016年，消費金融行業進入高速發展期，市場參與主體多元化，針對各細分領域的創新層出不窮。在資金端，一方面是2016年趣店集團和樂信集團均獲得數億美元級別的大額融資，此外主打藍領、家庭消費、年輕人消費、裝修市場、教育市場、農村市場的消費金融企業也紛紛獲得融資；另一方面，以螞蟻金服和京東為代表的消費金融資產證券化業務大幅增長，表明了消費金融行業的發展規模呈指數級增長。

2017年[①]，中國有39.78%的成年人（約4.8億人次）通過商業銀行獲得消費貸款，銀行消費類貸款規模約30.37萬億元，占消費金融總規模的93%，從貸款用途看銀行消費金融主要流向了房貸和車貸。2017年中國消費金融人均餘額約6.33萬元，去掉房貸和車貸後的狹義消費金融人均餘額僅為1.97萬元；另有22.74%的成年人（約2.74億人次）通過其他機構、平臺獲得了消費金融服務，其中非銀機構提供的消費金融達2.31萬億元，占中國消費金融總規模的7%，非銀機構提供的消費金融人均餘額為8,418元；還有4.54億成年人並未獲得過消費金融，約占成年人口總數的37.48%，而發達國家這一比例不足20%，表明針對長尾客戶的消費金融市場仍有發展空間。

2018年中國全年社會消費品零售總額為38.1萬億元，從總量上看僅次於美國，位居全球第二。2018年年底，住戶消費貸款餘額為37.8萬億元，其中短期消費貸款餘額為8.8萬億元，信用卡發卡量達到6.86億張，銀行卡授信額度總額達到15.4萬億元，授信使用率44.51%。從客戶角度來看，「80後」「90後」甚至「00後」逐漸成長為信用消費的主力。

2. 中國消費金融相關政策梳理

2009年，原中國銀行業監督管理委員會出抬《消費金融公司試點管理辦法》，對消費金融公司的定義、設立、變更、出資人條件、業務範圍及經營規則等做出了監管要求。首批成立4家消費金融公司標誌著中國消費金融行業正式進入監管時代。

2013年，原中國銀行業監督管理委員會更新出抬了《消費金融公司試點管理辦法》，適當放寬了出資人條件、業務範圍以及經營條件等，推動了股權多樣化，拓寬了消費金融公司的資金來源，並且擴大了試點城市範圍。

2015年，國家政府部門和金融業監管機構密集出抬了各類政策，主要從

---

① 國家金融與發展實驗室. 2019中國消費金融發展報告［EB/OL］. http://www.nifd.cn/Uploads/SeriesReport/667ce548-6606-4055-a395-370c30845f29.pdf.

金融、技術和消費方面鼓勵和促進消費金融行業的發展。在利好政策的刺激下，消費金融行業迅速經歷了啓動和高速發展期，有些隱患也隨之顯現，相應的限制性政策亦開始出抬。

2016年開始，監管部門頒布了多個限制性、規範性政策措施，如中國人民銀行對信用卡業務的規範，重新規範了透支利率標準免息還款期和最低還款額、違約金和服務費用等。教育部和銀監會聯合加大了對不良網絡借貸的監管力度，建立了校園不良網絡借貸的日常監測機制、即時預警機制和應對處置機制。銀監會、工信部等聯合對網絡借貸信息仲介機構的業務活動進行規範，網絡借貸信息仲介機構應向地方銀監局備案登記，且對網絡借貸設置餘額上限限制，銀監會與地方政府建立跨部門跨地區監管協調機制。

2017年，P2P網貸風險專項整治小組對「現金貸」進行清理，對現金貸平臺出現的利率畸高、無抵押、期限短（1～30天）、暴力催收等現象開展摸底排查與集中整治。

2018年4月，人民銀行、銀保監會、證監會、外管局出抬《關於規範金融機構資產管理業務的指導意見》，提出關閉「影子銀行」，限製表外非標融資渠道。

2018年8月，銀保監會發布《關於進一步做好信貸工作提升服務實體經濟質量和效率的通知》，旨在鼓勵消費金融發展，增強消費對經濟的拉動作用。

2018年10月11日，國務院辦公廳公布《完善促進消費體制機制實施方案（2018—2020年）》。該方案提出加快消費信貸管理模式和產品創新、不斷提升消費金融服務的質量和效率，引導商業保險機構加大產品創新力度等要求。此外，該方案還針對下一階段如何繼續增強居民的消費動力提出三項具體措施：一是完善有利於促進居民消費的財稅支持措施；二是深化收入分配制度改革；三是提升金融服務質量和效率。

2019年1月，銀保監會出抬《關於推進農村商業銀行堅守定位、強化治理、提升金融服務能力的意見》，旨在控制農商行跨區經營，跨區助貸業務受到影響。

2019年8月，國務院辦公廳出抬《關於加快發展流通促進商業消費的意見》，特別提出鼓勵金融機構創新消費信貸產品和服務，推動專業化消費金融組織發展（見表2-2）。

表 2-2　中國消費金融相關政策匯總

時間	部門	主題	關鍵內容
2009年	銀監會	消費金融公司管理	消費金融公司定義、設立、變更、出資人條件，業務範圍及經營規則、監管要求；首批4家消費金融公司成立
	銀監會	收緊信用卡業務	不得向未滿18週歲的學生發放信用卡（附屬卡除外）；銀行業金融機構應審慎實施催收外包行為
2013年	國務院	金融支持經濟結構轉型升級	完善銀行卡服務功能；滿足住房、服務消費等合理消費信貸需求；擴大消費金融公司試點範圍；加強個人信用管理
	銀監會	消費金融公司管理	出資人條件、業務範圍及經營條件有所放寬；促使股權多樣化；擴大試點城市範圍；拓寬資金來源
2015年	人行	移動金融技術創新	明確四個方向性原則：安全可控、利國利民、繼承式創新發展、服務融合發展；平臺建設、創新試點
	國務院	消費金融公司放開市場准入	消費金融公司審批權限下放到省；信貸產品經營範圍繼續放寬
	銀監會	非銀金融行政許可事項	重申法人機構條件，金融機構出資人、非金融機構出資人條件，變更及終止程序，高管任職資格；調整業務範圍和增加業務品種：可發行金融債、ABS
	人行等十部委	促進互聯網金融健康發展	支持產品、服務、融資渠道創新，推進互金融配套服務體系，落實完善財稅政策，確立互聯網消費金融的監管職責分工：互聯網支付、網絡借貸、股權眾籌、互聯網基金銷售、互聯網保險、互聯網信託和互聯網消費金融
	國務院	普惠金融發展規劃	2020年，建立與全面建成小康社會相適應的普惠金融服務和保障體系。具體包括體系建設、豐富產品和服務手段、推進金融基礎設施建設、完善法律法規體系、發揮政策引導和激勵作用
2016年	國務院	政府工作報告	增強消費拉動經濟增長的基礎作用；鼓勵創新消費信貸產品；規範發展互聯網金融，大力發展普惠金融和綠色金融
	人大	「十三五」規劃	發展普惠金融和多業態中小微金融組織；規範發展互聯網金融
	人行、銀監會	新消費領域金融支持	一系列金融支持新消費的細化措施：培育發展消費金融組織體系（機構、網點）；推進產品創新（優化管理模式、產品創新、鼓勵汽車金融業務創新）；對新消費重點領域支持（養老家政健康、信息和網絡、綠色消費如汽車、旅遊休閒、教育文化、農村消費）；改善消費金融發展環境（拓寬消費金融公司融資渠道、改進支付服務、維護金融消費者權益）

表2-2(續)

時間	部門	主題	關鍵內容
2016年	發改委	促消費帶動轉型升級	十大擴消費行動（城鎮商品銷售暢通、農村消費升級、居民住房改善、促進汽車消費、旅遊休閒升級、康養家政擴容、教育文化信息消費創新、體育健身消費擴容、綠色消費壯大、消費環境改善和品質提升）
	人行	信用卡業務規範	重新規範透支利率標準免息還款期和最低還款額、違約金和服務費用、預借現金業務（更靈活）
	發改委	新消費引領作用	圍繞釋放新消費，創造新供給、形成新動力明確了總體要求和基本原則，提出50條重要措施。人行牽頭，支持發展消費信貸
	教育部、銀監會	校園不良網絡借貸	加大對不良網絡借貸監管力度，建立校園不良網絡借貸日常監測機制，建立校園不良網絡借貸即時預警機制，建立校園不良網絡借貸應對處置機制
	銀監會、工信部等	網絡借貸信息仲介機構業務活動規範	網絡借貸信息仲介機構應向地方銀監局備案登記；網絡借貸應該以小額為主，設置餘額上限限制；銀監會與地方政府建立跨部門跨地區監管協調機制
2017年	P2P網貸風險專項整治小組	「現金貸」清理	對各地區「現金貸」平臺開展摸底排查與集中整治，特徵如下：利率畸高、無抵押、期限短（1～30天）、暴力催收
2018年	銀保監會	進一步做好信貸工作提升服務實體經濟質效的通知	提出積極發展消費金融，增強消費對經濟的拉動作用。支持發展消費信貸，創新金融服務方式，積極滿足旅遊、教育、文化、健康、養老等升級型消費的金融需求
	國務院	完善促進消費體制機制實施方案（2018—2020年）	要求進一步提升金融服務質量和效率。在風險可控、商業可持續、保持居民合理槓桿水準的前提下，加快消費信貸管理模式和產品創新，加大對重點消費領域的支持力度，不斷提升消費金融服務的質量和效率
2019年	國務院	關於加快發展流通促進商業消費的意見	鼓勵金融機構創新消費信貸產品和服務，推動專業化消費金融組織發展

二、自金融的效應

(一) 積極效應

以互聯網技術為基礎的自金融模式大幅降低了交易成本，打破了時空的限制，提升並優化了資金和資源的配置效率。較之傳統金融，自金融打破了傳統金融的精英權利結構，推進金融民主化——參與者更大眾化，在金融交易中有了更大的自由度、話語權和決定權，因此能獲得更多的消費者福祉，從本質上

講更民主、也更普惠。

(二) 消極效應

自金融的發展過程中創新是常態，而創新本身即存在可能的缺陷，具有風險的強傳播性、放大性和複雜性的特點，且容易滋生新的風險因素，使整個金融大環境的不確定性加劇。以區塊鏈技術為例，其分佈式記帳、共識機制、算法交易等必將對傳統金融、貿易、會計等帶來顛覆性變革，容易激發自金融交易主體的跟風和「羊群效應」，從而將其風險擴大。以區塊鏈技術為基礎的「自貨幣」便是自金融目前典型的代表，比如比特幣。比特幣實質上是通過開源算法產生的一套密碼編碼，其特點是私人貨幣、數量穩定、高度匿名、使用方便和交易成本低廉，沒有統一的貨幣發行主體，其傳播與使用有賴於比特幣網絡體系中的每一個使用者。一方面是交易主體未必具有相應的專業能力和風險意識，導致無法掌控其固有的風險因素；另一方面其對傳統金融監管的「挑釁」是顯而易見的，政策風險極大，這一點從比特幣在很多國家被認定為「非法」就可見一斑。

自金融拓展了傳統金融的交易可能性邊界，向被忽視的「長尾」客戶提供服務。長尾客戶是傳統金融的弱勢群體，往往因未受過充分的金融教育、金融素養欠缺而易受誤導、甚至詐欺，遭遇不公正待遇，個體非理性和集體非理性也更容易出現，因而容易引致社會問題。當自金融鼓勵、容忍交易主體的自由、自主的同時，自律以及其他確保其健康持續發展的條件往往容易滯後或缺失。在此趨勢下研究金融交易主體，尤其是消費者個人的金融行為就具有極為重要的宏觀與微觀意義，這亦是本書撰寫的目的所在。

三、自金融趨勢下中國消費金融行業發展的現狀

(一) 中國互聯網消費金融發展的模式

1. 互聯網消費金融的主體及對比分析

作為金融行業新熱點的互聯網消費金融，吸引了包括傳統商業銀行、消費金融公司等在內的「正規軍」、也包括享有線上優勢的互聯網巨頭（電商平臺）和眾多互聯網金融平臺的進入，競爭激烈。

(1) 商業銀行。憑藉房貸、車貸、信用卡等產品在傳統消費金融市場居霸主地位的商業銀行在互聯網金融的衝擊下，積極應對、佈局。主要途徑有二：一是商業銀行自建電商平臺，嵌入購物分期類消費金融產品或服務。但是，在傳統消費金融享有壟斷優勢的商業銀行在電子商務品類管理、客戶服務、用戶體驗、營銷活動等方面存在明顯短板，自建電商模式的發展瓶頸顯

著；二是開發以其既有網上銀行、手機銀行客戶端為載體的互聯網消費金融產品，雖然用戶體驗確有提高，但其實質上僅是將存量資源搬到了網上，是對原有消費金融業務存量的維護，並未體現用戶群的擴展或新增。

（2）消費金融公司。自 2009 年開始試點、享有牌照和全國性業務範圍優勢的消費金融公司成了除房貸、車貸、信用卡產品之外的消費金融領域「正規軍」，也是不少傳統商業銀行進軍新興消費金融業務的重要途徑。截至 2018 年年底已成立的 25 家消費金融公司中，銀行參股的有 22 家。較之傳統商業銀行，消費金融公司憑藉其靈活的組織架構和較高的經營效率可直接實現「互聯網+」消費金融，先行的部分消費金融公司已實現了小額直接支付信用貸款申請的全程線上化，比如興業消費金融的網絡貸、招聯金融的零零花等。

（3）電商平臺。以阿里、京東為代表的電商平臺擁有成熟的線上用戶流量、互聯網消費場景和數據優勢，是其在互聯網消費金融領域創新發展的重要保證，利用長期累積的用戶信息做營銷推廣、利用累積的交易數據做風險控制，在短期內呈現爆發式增長。目前已有的電商消費金融大多僅針對自身平臺的線上業務，隨著移動支付的拓展逐漸打通自身線上平臺和線下的閉環，將業務擴展到 O2O 領域，有效地豐富了互聯網消費金融的線下應用場景，增加了數據來源，進一步夯實了技術基礎。

（4）互聯網消費金融平臺。P2P 網絡借貸平臺、消費分期平臺是形式多樣的新興互聯網消費金融平臺中的代表，整體而言具有創新性強、經營活躍，但潛在風險因素較多的特點。其中，迫於監管壓力轉向進入消費金融領域的 P2P 網絡借貸平臺一般已具備了小額信貸審批流程的線上優勢，且借款額度一般較低，審核效率高；消費分期平臺則因其客戶群層面分佈廣、涉及領域多而呈現更為多樣化的營運模式，消費端為線上與線下相結合，且往往地推模式顯著，資金端主要為 P2P 網絡借貸平臺、自有資金和商業銀行等。

互聯網平臺的服務對象主要是 35 歲以下的年輕人以及特定場景（如小額消費、購物、旅遊等）的消費群體，其中包含大量從未有信貸行為的白名單群體，而且單筆貸款金額更小，以滿足高頻、小額的普惠金融需求。

（5）對比分析。綜上，對上述互聯網消費金融經營主體作如表 2-3 所示的對比分析。

表 2-3　互聯網消費金融經營主體優劣勢對比

主體	優勢	劣勢
商業銀行	（1）資金成本低，能提供利率較低、額度較大的消費信貸產品； （2）定位於信用記錄良好、收入較高的銀行存量優質客戶； （3）實力雄厚、社會公信度高、資源豐富，提供多元化的金融產品	（1）仍採用原有綜合授信標準，客戶門檻較高； （2）手續繁瑣、流程較長、用戶體驗較差
消費金融公司	（1）在業務經營、資金獲取、政策優惠等方面享有牌照優勢； （2）股東資源優勢，能提供資金、用戶、場景等資源； （3）較之銀行，申請手續更簡單、審批流程更簡化、用戶門檻更低	大多沿用傳統門店模式，對新興互聯網技術、渠道、場景等新元素的接受和運用程度較低，產品創新不足
電商平臺	（1）已建立較為成熟的線上消費渠道和場景，獲客成本低； （2）累積了大量用戶及用戶數據，有助於其利用既有用戶數據解決徵信問題，基於自有場景能更好地監控資金流向及用戶狀態，更好地管控風險； （3）消費金融產品嵌入成熟的消費場景，用戶體驗更好	依附於電商平臺的消費金融業務一般局限於自有電商生態之內，向外擴張較為有限
互聯網消費金融平臺	（1）具有靈活、高效的決策優勢，對新技術、新模式的接受度較高，更注重產品創新； （2）多選擇某一細分領域精細化、深入地開展消費金融業務，專業化、精細化程度高	多為初創型公司，在牌照、資金、用戶、場景等多方面存在發展障礙

2. 中國互聯網消費金融的商業模式

（1）產品（業務）模式。商業銀行開展互聯網消費金融業務主要依託信用卡，或將其既有的傳統消費金融產品互聯網化，在本質上仍沿用商業銀行傳統消費信貸業務的模式。消費金融公司的產品線以線下現金貸為主，提供的貸款產品主要是彌補銀行不做或不能做的消費信貸業務，互聯網消費金融業務的嘗試目前剛剛起步（如開通官網在線申請或嵌入 APP 等）。電商平臺的產品策略則遵循從線上到線下、從服務自身平臺向平臺外更多應用場景擴展、從依附電商平臺到逐漸獨立並向外輸出服務能力的發展模式，憑藉其既有的強大支付功能和海量用戶在線上迅速擴張消費金融業務，難以被競爭對手所複製。以 P2P 網絡借貸和第三方助貸為代表的互聯網消費金融平臺呈現兩種不同的業務

模式：P2P 平臺以線上和線下方式獲客，一般通過移動終端開展用戶申請、信用審批、發布借款標的籌集借貸資金的全程；第三方助貸機構一般服務於某一特定群體或行業的人群，致力於拓展並覆蓋該特定人群的線下所有消費場景。

（2）盈利模式。基於線上消費場景的互聯網消費金融業務的盈利模式對渠道商和消費金融服務商而言有所不同。渠道商可選擇類似信用卡模式為用戶一次性授信、每次消費刷剩餘額度方式，也可採用每次購買、每次申請、後臺授信的方式，其盈利模式為：盈利＝產品價差＋消費貸款利差＋沉澱資金理財收益－壞帳。第三方消費金融服務商的盈利模式則表現為：盈利＝消費貸款利差－壞帳。

基於線下消費場景的互聯網消費金融業務的盈利模式與線上極為類似，盈利模式公式亦一致。其中以線下消費渠道商為例，區別僅在於其與供應商的帳期一般短於線上，獲得的沉澱資金理財收益相應較少；線下消費金融服務商的盈利模式大多為傳統的利差盈利模式，僅在接入 O2O 場景下可增加從消費渠道商的返點費用。

（3）資金來源。商業銀行開展互聯網消費金融業務的資金來源以公眾存款為主，享有資金成本低、來源充足的優勢，是其與其他三種主體的最大區別；消費金融公司的資金來源主要為銀行和自有資金，也可作相互拆借；電商平臺和互聯網消費金融平臺的資金來源則主要是自有資金、商業銀行、P2P 網絡借貸、財務公司、資產證券化等，來源較為廣泛，可對接各類資金。尤其對於無牌照優勢的機構而言，還可採用信託委託貸款、P2P 網絡借貸和助貸模式。信託委託貸款，資金成本為信託手續費 1‰~3‰，由於信託權益的可轉讓性有利於後續資產證券化的推進；P2P 網絡借貸往往是雙創型互聯網消費金融平臺融資的首選；助貸模式是指助貸機構以向商業銀行、持牌消費金融公司繳納保證金，或與借款人簽訂由商業銀行或持牌消費金融公司提供的個人借款合同的形式對接後兩者的資金。

以螞蟻金服為代表的新的互聯網消費金融形式與主要服務於中國 4.8 億有信貸記錄人群的商業銀行形成分層次發展的互補態勢。以花唄為例，經全量數據比對，花唄用戶與商業銀行信用卡用戶重疊率在 25% 以下[1]。此類產品表現出較為明顯的普惠性：一是主要服務長尾用戶。商業銀行消費金融用戶是一線

---

[1] 國家金融與發展實驗室. 2019 中國消費金融發展報告 [EB/OL]. http://www.nifd.cn/Uploads/SeriesReport/667ce548-6606-4055-a395-370c30845f29.pdf.

到三線城市的中產群體，花唄、借唄則有近一半用戶分佈在三線及以下城市。從職業分佈看，借唄用戶群中超過70%為中小企業普通工薪階層。二是用戶年輕化。商業銀行的消費金融用戶的年齡一般為30～50歲，花唄、借唄用戶則較為年輕，以互聯網人群為主。三是授信金額、支付金額低。2019年銀行信用卡卡均授信額度超過2萬元，而花唄截至2018年12月底人均授信額度不到4,000元。目前花唄戶均帳單金額僅900元左右，借唄筆均支用金額僅3,000元左右，表明其主要用於日常小額消費產品，且用戶的授信額度使用率分別不超過20%、50%。四是使用場景的普惠化，與信用卡主要用於商場超市等大中型線下消費場景不同，花唄等使用場景往往是線上或者更為小微的線下場景，比如小區便利店、早餐鋪等。

四、自金融趨勢下消費金融發展的風險分析

（一）互聯網消費金融機構的主要風險

1. 合規性風險

商業銀行和消費金融公司為有牌照的互聯網消費金融機構，受到銀監會的嚴格監管，通常不存在經營資質的合規性問題；以P2P網絡借貸、第三方助貸機構為代表的互聯網消費金融平臺正處於監管初期的爭論焦點，很難明確其合規性；電商平臺開展的互聯網消費金融業務一般通過與其有關聯的小額貸款公司、融資租賃等其他機構開展，雖有放貸資質，但在具體操作上仍存在一些障礙和問題。以小貸公司為例，一旦通過互聯網發放消費貸款，就極有可能觸及區域經營問題，即存在一定的合規性風險。

2. 信用風險

互聯網消費金融業務兼具消費信貸小額、無抵押無擔保、互聯網用戶數據龐雜、線上審批辨識難度高等特點，其信用風險仍是最主要的業務風險。除了常規的借款人自身出於還款能力或還款意願的原因而拒絕或逃避歸還貸款的風險，還集中表現在以下幾方面：①較之傳統消費信貸，互聯網消費金融面臨客戶端信用下沉的現實，如更年輕、更低的收入、更低的社會階層，信用風險因而加大。②四類互聯網消費金融機構的失信懲戒機制差異大。目前僅有商業銀行、消費金融公司的客戶違約記錄上傳至央行徵信系統，能有效地對違約者、詐欺者予以懲戒；電商平臺則主要憑藉對自身平臺內資金流向的把控對違約者、詐欺者施加約束；其他互聯網消費金融平臺則在信用懲戒方面極為欠缺。③各機構間數據共享不足，數據孤島現象嚴重，缺少互聯網消費信貸失信黑名

單制度，極易導致借款人多平臺借貸、並最終成為詐欺。

3. 操作風險

新興的互聯網消費金融機構對金融的風險本質認知不足，在業務操作全程存在諸多風險隱患：①囿於業務壓力，往往對自身的互聯網消費金融產品過度營銷、對產品信息披露不足，易對客戶掠奪性放貸，諸如在貸款營銷過程中存在惡意營銷、尋租、誤導、詐欺，使很多第一次接觸消費金融業務的客戶在對借款條件瞭解不充分的情況下被動接受。②互聯網消費金融機構對客戶進行信息甄別、信審的能力有限，較為突出的是新興機構缺少數據、人才及技術的累積，僅盲目地依靠渠道、流量或網絡營運優勢進入該領域，輕易向不合格的借款人發放消費信貸、形成壞帳。

4. 創新風險

創新既是互聯網消費金融發展的天性，也是永恆不變的趨勢。互聯網消費金融的產品創新、機構創新伴隨對現有產品、現有機構的競爭挑戰，甚至是威脅，加之互聯網渠道對社會影響面更廣，往往引致監管機構對互聯網金融可能引發的系統性風險的擔憂進而「叫停」、相關機構進行「聲討」、全社會予以關注和質疑。典型的有，2014 年 3 月微信、支付寶與中信銀行聯合推出的虛擬信用卡以「在落實客戶身分識別義務、保障客戶信息安全等方面尚待進一步研究」為由而被叫停等。

（二）借款人（互聯網消費金融消費者）的主要風險

1. 個人信息洩露風險

借款人在申請互聯網消費金融業務時需要提供大量個人的信息資料，一部分互聯網消費金融機構對所掌握的用戶信息的安全重視程度不夠，加上缺少足夠的技術能力和內部規範，個別機構甚至存在出售用戶信息資料牟利的行為，加上監管缺位，極易導致個人信息洩露，給借款人帶來意想不到的風險。

2. 不知情、不當誘導的風險

互聯網消費金融的消費定位為好奇心強、樂於嘗試新鮮事物的年輕人，在面對門檻相對較低的互聯網消費金融產品的無所不在的強勢宣傳、地推時，由於缺少相應的金融知識、風險防範意識不足，以及投資者教育嚴重缺位等因素，容易受到過度廣告、過度營銷的影響，導致過度負債，輕則影響其個人財務和信用，重則影響工作、生活和學習。

3. 被不當催收的風險

互聯網消費金融業務因單筆借款額度小、催收成本相對較高，因而違約初

期一般以電話、短信、郵件、社交平臺等看似較為溫和的軟催收方式為主，但隨著網絡化的加深，軟催收方式亦能發揮足夠的懲戒作用；掌握線下渠道的一部分無牌照互聯網消費金融機構可與消費者實地接觸，或委託當地機構開展實地催收，更容易給消費者帶來軟硬兼施的暴力傷害。近年來備受社會關注的大學生網貸跳樓事件、裸條事件、互聯網消費分期平臺營運人員涉嫌詐騙等等，也是互聯網消費金融在發展過程中最受詬病之處。

第三章 基於社會群體視角的消費者金融行為分類研究

第一節 社會群體與消費者金融行為

一、社會群體、群體壓力與從眾

(一) 社會群體

群體或社會群體是指通過一定的社會關係結合起來進行共同活動而產生相互作用的集體[1]。究其本質，是由規範、地位和角色所構成的社會關係體系，兼有社會功能和個人功能。

(二) 群體壓力

群體往往存在群體規範性，具體表現為群體成員在行為、感情和認識的一致性。它統一著群體成員的意見和看法，調節著他們的行為，對其成員形成的約束力和影響力，這就是群體壓力。

(三) 從眾

從眾是在群體影響下放棄個人意見而與大家保持一致的社會心理行為[2]。群體成員的行為通常有跟從群體的傾向（Asch S. E. 等），當成員發現自己的意見和行為與群體不一致時，會產生緊張感，促使他與群體趨向一致。

群體對個體施加壓力使其從眾主要有兩種方式：一是來自群體的信息性壓力，二是來自群體的規範性壓力，即如果個體不從眾的話，群體有可能拒絕、嘲笑、排斥，甚至打擊該個體。

---

[1] 安聖慧. 消費者行為學 [M]. 北京：對外經濟貿易大學出版社，2011.
[2] 安聖慧. 消費者行為學 [M]. 北京：對外經濟貿易大學出版社，2011.

二、參照群體及其對消費者金融行為的影響

參照群體，也稱標準群體或榜樣群體，其標準、目標和規範可以成為人們行動的指南，成為人們努力要求的標準。參照群體一般是與所屬群體同類的群體，通常對消費者的認知、情感、態度和價值觀念等有著重大影響。參照群體可以是具有直接互動的群體，也可以是與個體沒有直接面對面接觸，但對個體行為產生影響的個人或團體。絕大多數個體都有與群體保持一致的傾向。

參照群體對消費者的影響主要表現在以下三個方面：

一是規範性影響，即群體規範對消費者行為產生的影響。只要有群體存在，規範就會發揮作用，個體就會按群體的期待行事，以獲得讚賞、避免懲罰。消費金融產品往往利用群體對個體的規範性影響，宣稱購買或交易某產品或服務，就能得到社會／群體的接受、讚許，不購買、不交易則得不到群體的認可。

二是信息性影響，即個體將參照群體中成員的代表性行為、觀念、意見作為有用的參考信息，進而影響到自身行為。當消費者對所購買或交易的金融產品缺乏瞭解、難以做出判斷時，他人的使用、推薦將被視為極其有用的證據。信息性影響的程度則取決於被影響者與群體成員的相似性，以及施加影響的參照群體成員的專業性。

三是價值表現上的影響，個體傾向於自覺遵循或內化參照群體的信念和價值觀，從而在行為上與之保持一致。舉例來說，金融消費者一旦認同成功的投資者應該是查理·芒格、巴菲特這樣愛讀書且睿智的人，於是該消費者也開始多讀書、多學習，以反應他所理解的投資者成功之道。個體之所以在沒有外在獎懲的情況下願意自覺遵循群體的規範和信念，主要是基於兩個原因：一是個體可能利用參照群體來表現自我、提升自我；二是個體可能特別喜歡、認同該參照群體，並希望與之保持長期關係，從而視群體價值觀為自身的價值觀。

更具體地，參考群體對金融消費者的影響則主要包括名人效應、專家效應、「普通人」效應、經理型代言人等。

三、自金融趨勢下消費者金融行為分群體分析的必要性與意義

最新數據表明，自金融趨勢下的金融消費者，尤其是年輕一代在儲蓄、理財以及消費信貸等方面均呈現出新的特點：一是儲蓄方面，中國新一代年輕人（指35歲以下）中有56%暫未開始儲蓄；在開始儲蓄的44%人群中，平均每

月儲蓄金額僅1,339元①；二是理財方面，「90後」人群理財意識較強，傾向於利用消費金融來理財、享受消費金融帶來的免息期福利；三是消費和消費信貸方面，超前消費對「90後」人群而言已是常態，其2018年的短期消費貸款超過3萬億元，約占全年短期貸款總規模的1/3②。根據融360的調查數據，從年齡上看，貸款人群中「90後」占比高達49.31%，在亞洲同齡人中位列第一。從額度上看，「90後」舉債的額度亦十分驚人。匯豐銀行最近的調查顯示，中國「90後」群體的債務收入比高達1,850%，其欠各種貸款機構和信用卡發行機構的人均債務竟超過12萬元。因此，有必要對消費者金融行為作分群體分析。

（1）群體的差異性、消費者金融行為的多樣性是分群體分析消費者金融行為的客觀前提。具體表現為不同的金融消費者在偏好、需求及選擇金融產品的方式等方面存在著一定的差異，即使是同一金融消費者在不同的時期、不同的情景、不同金融產品的選擇與交易上，其行為也往往呈現出較大的差異性。

（2）消費者金融行為的複雜性是分群體分析消費者金融行為的必要性所在。一方面受到消費者金融行為多樣性的影響，另一方面則體現在受難以識別、難於控制的內在或外在因素的影響。比如，消費者金融行為受到其動機的影響，但每一行為背後的動機往往是主觀的、隱蔽的、複雜的、不可觀測的。對於不同的消費者群體，同一動機會產生不同的金融行為，而同一行為則有可能源自不同的動機。正是由於這些影響因素的複雜性和多變性，決定了消費者金融行為的複雜性，有必要展開更細化、更深入的研究。

（3）消費者金融行為的可引導性表明了分群體研究消費者金融行為的意義。消費者往往是在對自己的金融需求，以及如何滿足需求並不知悉的情況下便實施了金融行為，即是說消費金融產品的提供者——金融機構能夠積極或消極地通過傳遞信息、提供產品等方式激發、引導進而滿足金融消費者的需要。因此，基於不同群體的視角展開分析將有助於指導消費者做出更理性的金融決策，有助於監管部門制定金融消費者權益保護的相關政策。

（4）分群體分析消費者金融行為有助於找準消費者非理性金融行為的原因，防範化解群體性消費金融惡性事件的發生，有利於最終實現普惠金融包

---

① 富達國際與螞蟻財富. 中國養老前景調查報告（2018）[EB/OL]. http://www.fidelity.com.cn/zh-cn/market-insights/china-retirement-readiness-survey-2019-full-report/.

② 蘇寧金融研究院.「90後」消費趨勢研究報告[EB/OL].（2019-10-16）. https://sif.suning.com/article/detail/1571189150961.

容、健康、負責任的發展①。其中,「包容」是普惠金融、消費金融發展的基本目標,側重金融服務的可得性、使用性和質量能滿足消費者更高的期待;金融「健康」是與消費者不健康的金融行為對應的,後者直接激發了各類金融風險事件;「負責任」的金融則是對金融服務供應商提出的要求,即除了提供高質有益的金融服務或產品外應具備更高的道德水準,要求金融機構為消費者金融健康負責,提供更加透明、包容和公平的金融產品和服務。

四、關注並重視對特殊金融消費者群體保護的國際實踐

近年來,隨著普惠金融問題的提出,以英國金融行為監管局(FCA)為代表的域外監管當局通過調查發現,包括青年人、老年人、學生、軍人、僑民等在內的特殊金融消費者群體往往由於各種原因難於獲得恰當的金融產品和服務,處於弱勢地位,監管當局強調金融包容性和獲取問題直接關係到消費者保護目標的實現,特殊消費者群體不僅應得到合適的金融產品和服務,還必須易獲得、易理解、易申請、可負擔。具體如下:

(一)對青年人財務能力培養的關注

為了有效地參與金融市場,成年人需要具備足夠的金融知識、獲取各類資源的技能以及調配資金並進行財務決策的能力。其基礎的奠定是在其青少年時期能夠有效地學習這些財務技能與知識。美國消費者金融保護局(CFPB)研究了人們在少年時期發展財務能力的情況,提出通過優化現有項目和金融教育資源、制定和測試新的金融教育政策、提供有依據的金融教育政策幫助年輕人獲得必要的金融知識。CFPB 認為每位公民都有機會訓練、培養其自身的財務能力是金融消費者權益保護的基礎。

(二)對老年人權益保護的關注

美國 CFPB 進行了全國範圍的調查,發現普遍存在的老年人金融剝削(financial exploitation)問題,每年都在損害著數以百萬計的美國老年人的財產安全。為了應對這場危機,美國數百個社區已經建立了匯集了重要的社區關係人和資源的協作網絡,通過開展各類預防活動、發現及應對老年人金融剝削問題。此外,還要求金融消費者權益保護機構、金融機構應該主動尋求加入並參與老年人金融服務網絡,並且確保網絡的長期可持續性。

英國金融行為監管局調查發現,老年人對於金融服務普遍存在不滿,主要

---

① 中華人民共和國銀行保險監督管理委員會,中國人民銀行.中國普惠金融發展報告(2019)[EB/OL].(2019-10-12). http://www.gov.cn/xinwen/2019-09/30/content_5435247.htm.

是因為年齡因素無法得到某些金融服務，或是處於不利地位，包括老年人認為金融服務機構對他們的債務問題回應得不夠、對他們生活上的事情處理得不夠好，以及對老年人不夠尊重，等等。

(三) 對大學生金融服務的關注

由於大學生在金融專業知識以及獲取金融服務渠道上存在的困難，大學生難以在金融服務上得到公平的對待。針對學生帳戶成本過高的問題，美國CFPB要求金融機構披露和大學合作提供帳戶的具體信息，要求金融機構以及合作的大學對不公平的狀況進行改進，以保障大學生的權利得到有效的保護；針對學生貸款逾期或違約較為嚴重且學生金融保護的狀況差強人意的現狀，CFPB創建了一個全新的學生貸款服務平臺，幫助處於經濟困難且違約的借款人根據聯邦法律參加驅動還款計劃。此外，還編製關於學生貸款服務的公共績效指標，包括關於拖欠和違約的數據，以及借款人在驅動還款計劃中的表現，以此來監測高風險借款人的還款行為。

(四) 對軍人金融服務的關注

美國CFPB關注並研究了從軍經歷對退伍、退役軍人及其家屬在財務上的影響，為退伍軍人這一特殊消費者群體提供更安全的金融服務和權利保護。比如，2016年CFPB向海軍聯合信貸協會提出起訴，認為其在貸款催收過程中向現役軍人、退伍軍人和軍屬家庭施加了威脅，還對拖欠貸款的成員設置了不公正的帳戶訪問限制。在其干預下，海軍聯合信貸協會的行為得以糾正，並向受害者支付了2,300萬美元賠償金及550萬美元民事責任罰款。

(五) 對僑民金融服務的關注

僑匯被認為是發展中國家，尤其是貧困國家外匯收入的主要來源，往往是一個發展中國家普惠金融的重要組成部分。針對全球平均僑匯成本較高的問題，聯合國發展峰會2015年通過了《2030年可持續發展議程》，提出到2030年消除一切成本高於3%的僑匯渠道。此外，世界各國正積極致力於包括減免小額匯款費用、推動中間行收費透明化、加強反洗錢與僑匯配合，以及探索發展多元化的匯款渠道等方面，保護僑民這一特殊金融消費者群體的合法權益。

五、對金融詐騙受害者的行為研究

消費者既可能是金融詐騙的犯罪者，也可能是受害者。互聯網詐騙更是無處不在，2/3使用互聯網的美國人，表示在2013年遭受過至少一次網絡詐騙。金融詐騙有很多種，包括釣魚詐騙、預付款詐騙、彩票詐騙和投資詐騙等，往往涉及產品或服務等預付款。而且因為人們不願意承認自己是金融詐騙的受害

者，害怕被嘲笑和受辱，受害者選擇沉默，致使很多金融詐騙案例未被揭露。在已知的投資詐騙受害者中，12%的受害者否認自己在投資中損失過金錢；已知的彩票詐騙受害者中，只有一半承認自己在過去三年中上當受騙過。

受害人畫像是消費者金融詐騙中研究相對充分的領域。《金融消費者如何購買》① 中對彩票詐騙和投資詐騙的受害人作了畫像對比，對我們理解和研究金融消費者、特別是潛在受害人的行為很有意義（見表3-1）。

表3-1 彩票詐騙和投資詐騙受害人畫像對比

	彩票詐騙	投資詐騙
社會人口	以女性為主 鰥寡孤獨 低收入 低教育水準	以男性為主 已婚 高收入 高教育水準
金融素養	低素養	高素養
自我控制	自我控制能力差 外部控制 衝動	自我控制能力強 內部控制 自負
時間偏好	現在	未來
對諮詢師的態度	低信任	高信任

此外，潛在受害人往往還具有的典型互聯網行為包括：點擊彈出式廣告、打開來源不明的郵件、在線上拍賣網站上售賣和購買產品、簽約參加無限期使用機會、下載APP、通過線上支付進行網絡購物。潛在受害者比非受害者更為頻繁地進行上述行為。每個人都可能成為詐騙的受害者，但是自我控制水準低的人更有可能冒險，與詐騙犯合作。

因此，本章選擇大學生、農戶、藍領作為典型人群研究其在自金融趨勢下的金融行為。

---

① W. 弗萊德，範·拉伊. 金融消費者如何購買 [M]. 吳明子，譯. 北京：華夏出版社，2019.

第二節　自金融趨勢下大學生金融行為研究

一、研究背景

大學生金融市場在 2009 年大學生信用卡業務被叫停之後出現了短暫的空白，即使有部分商業銀行推出大學生信用卡，但因其信用額度較低、授信條件較為苛刻，無法滿足這一群體旺盛的消費需求。校園貸即是在此背景下出現並發展起來的，其負面事件頻出促使監管層啟動專項整治清理。與此同時，「大學生的金融服務是市場剛需、大學生需要正規金融服務」（郭樹清，2017）的市場認知已成共識。那麼，大學生這一特殊群體持有怎樣的金融態度、具有怎樣的金融行為特徵呢？大學生的金融需求是否具有客觀合理性？針對消費金融、金融行為及其風險的相關研究文獻對大學生的金融態度、基本金融行為的研究比較忽視等問題，考察大學生的金融態度、金融行為，探求其主要影響因素，進一步揭示金融教育與金融態度、金融行為的相關性，具有非常重要的現實意義。

（一）行業背景——以互聯網金融興起引發的自金融發展熱潮

自金融的三重內涵。第一重內涵是微觀層面的自金融，指金融交易參與主體的平民化、普泛化和自主化。追求效率、平等、共享的互聯網人格一旦與金融相契合，金融隨即呈現去媒體、去中心化的特性，以互聯網為介質的自金融產品具有低門檻、易操作的特點，使金融交易參與主體更平民化、大眾化和普泛化，且在自金融資產和負債交易決策時擁有更大的自主權，並自擔風險。第二重內涵是中觀行業層面的自金融，指行業組織的自秩序和自律性。普泛化的自金融參與主體依照不同於傳統金融的規則和秩序運作，對監管提出了新的要求。即自金融背景下審慎監管應向行為監管、功能性監管轉型，秉承底線監管、金融消費者保護的原則，凸顯行業自律組織的作用，提升自金融參與主體的自律性。第三重內涵是宏觀層面的自金融，指金融自由化的宏觀環境。以經濟自由化、全球化、網絡化為基礎的金融自由化集中表現為金融管制的逐步放寬，甚至取消。傳統金融的壟斷性、信息專業優勢受到了來自開放的、大眾化的互聯網金融的挑戰。

自金融發展的效應。一是積極效應：以互聯網技術為基礎的自金融模式大幅降低了交易成本，打破了時間、空間的限制，提升了資金、資源的配置效率；較之傳統金融，自金融打破了傳統金融的精英權利結構，推進金融民主

化，即參與者更為大眾化，在金融交易中有了更大的自由參與度、話語權和決定權，因而能獲得更多的消費者福祉，其本質上更民主、更普惠。二是消極效應：自金融拓展了傳統金融的交易可能性邊界，服務了被忽視的「長尾客戶」——即傳統金融的弱勢群體，因其未受過充分的金融教育、金融素養欠缺而易受誤導、詐欺和不公正待遇，個體非理性和集體非理性更容易出現，因而容易引致社會問題。進一步地，自金融以創新為常態，而創新本身就可能存在重大缺陷，具有風險強傳播性、放大性和複雜性，使整個金融大環境的不確定性加劇。

（二）政策背景——校園貸惡性事件頻發引致監管禁令

2004年9月，廣發銀行發行了第一張校園信用卡。起初，信用卡市場發展較為穩健。隨後各家商業銀行採用了較為激進的營銷措施，大部分學生申請辦理信用卡時均無須提供存款憑證和擔保人，甚至還出現過由學校相關人員收集學生的資料去代辦信用卡，風控手段缺失導致了學生的信用卡額度遠超其應有的消費和真實的還款能力，導致各家銀行的大學生信用卡壞帳率偏高。2009年7月，銀監會發布了《關於進一步規範信用卡業務的通知》，要求大學生申報信用卡首先必須年滿18歲，其次還必須提供第二還款來源，而且確認第二還款來源方以書面同意承擔相應還款責任。此後，大部分銀行停辦大學生信用卡。

2013年以來，互聯網金融的快速發展為促進金融市場的發展注入了新的活力，尤其是顛覆傳統金融的長尾理論，在滿足包括小微企業、農民、城鎮低收入人群方面的金融服務需求起到了很大的作用。2014年起網絡借貸開始在大學校園流行開來。在無須任何擔保的情況下，在校大學生只需動一動手指，填上相關資料，就能體驗一把有錢任性的生活。對不少大學生而言，這的確是難以抵禦的誘惑。大學生這個消費群體十分特殊，收入主要來自父母，且一部分學生的消費心理不成熟，在校園環境下容易被誘發攀比性消費心理。在自身消費能力不足的情況下，容易轉向外界的互聯網借貸平臺尋求資金借貸。在行業井噴式發展的當下，平臺發展良莠不齊，也存在大量不合規的平臺誘惑大學生進行不理性消費，並且走上無法償還貸款的不歸路。隨著通過網貸平臺貸款的大學生越來越多，校園網貸詐欺、高利貸和暴力催收等問題也日漸頻發，嚴重損害了大學生的合法權益、威脅到了校園安全，造成了極其不良的社會影響。2015年大學生消費信貸規模已經超過4,000億元①。從行業競爭來看，除

---

① 數據來自艾瑞諮詢。

了傳統商業銀行、持牌消費金融公司，BATJ 等互聯網巨頭也紛紛佈局，湧現出了趣分期、分期樂、優分期等數十家互聯網分期購物和借貸平臺。

2016 年，因校園貸背負了巨額欠款的學生新聞事件屢屢被爆出，因還不上欠款輟學自殺的事件也時有發生，各類惡性事件頻發備受關注。一些非法網貸機構針對在校學生開展借貸業務，突破了校園網貸的範疇和底線；一些地方「求職貸」「培訓貸」「創業貸」等不良借貸問題突出，給校園安全和學生合法權益帶來嚴重損害，造成了不良的社會影響。於是，銀監會、教育部等部委聯手出擊，重拳整治校園網貸並取得了初步成效，但仍未根治亂象。2017 年 5 月 27 日，中國銀監會、教育部、人力資源和社會保障部聯合印發《關於進一步加強校園貸規範管理工作的通知》，決定進一步加大對校園貸監管的整治力度，從源頭防範和化解校園貸風險，該通知明確指出「現階段，一律暫停網貸機構在校開展大學生網貸業務」「未經銀行業務監管部門批准設立的機構不得進入校園為大學生提供信貸服務」。此通知的出抬，為中國大學生防範非法網貸機構提供了有效依據。同年 8 月 24 日銀監會再次強調對校園貸採取「停、移、整、教、引」五字方針：要求暫停涉及暴力催收、發放高利貸等違法違規業務按照慣例規定移交相關部門，整改存量業務；加強教育、規範引導。具體地，「停」是一個分類處置想法和思路，對於這些涉及像暴力催收這種違法違規的行為，要暫停這種校園「網貸」的新業務；「整」是對於現存的這些校園「網貸」業務要進行整改，包括增加對借款人資格的認定，包括增加第二還款來源，落實一些相對的風險防控的措施；「移」也是涉及違法違規的行為要按照相應的規定移交相應部門；「教、引」就是加強教育引導，增加學生合理的消費觀的培育和引導，來規範整個校園網貸的行為。

以重慶市為例，重慶市於 2017 年 9 月全面叫停了各類網絡平臺的校園貸業務，不允許任何網絡貸款機構向在校大學生發放貸款。並明確提醒大學生：目前，能夠為大學生提供信貸服務的合法主體，只能是銀行業金融機構。大學生應注意樹立正確的消費觀，切忌盲目追求高消費。若發現身邊有同學在從事非正規校園貸的校園代理，應當及時勸阻，也可通知老師或學校。大學生如果已經借了非正規校園貸，一定要立即告知學校和家長，盡早協商解決，避免問題惡化；如果和非正規校園貸機構發生糾紛或遭遇對方威脅，應當立即報警，尋求警方幫助；如果協商難以解決，可以通過民事訴訟，求助法律渠道解決。

（三）行為背景——大學生群體的網絡習慣與消費擴展

近年來，中國網民發展速度非常快，截至 2017 年年底，中國網民規模已達到 7.72 億，網民數量已經居全球之首，互聯網普及率為 55.8%。從網民年

齡結構來看，10~39歲群體占整體的74.7%，其中20~29歲年齡段的網民占比最高，為30.4%，10~19歲群體占比為20.1%，其中學生群體占比依然最高，為25.1%。可見，大學生群體在整個網民當中是比較重要的組成部分，研究這個群體的消費和借貸特徵具有十分典型的意義。

金融理念的滲透使得更多用戶接受互聯網消費金融產品，互聯網消費金融市場得到空前發展。大學生作為互聯網市場的主力軍，消費規模十分驚人。「90後」大學生多為獨生子女，其很多消費以享樂為主，注重品牌，偏好電子科技類產品，且人情往來消費較多。大學生群體聚集性特徵顯著，容易產生衝動消費和攀比心理。而大學生的收入和消費需求存在著不匹配的現狀，以往大學生的消費慾望可以通過信用卡滿足。2009年信用卡退出大學校園，信用卡不再能覆蓋這一群體，給了了國內大學生消費金融市場發展的空間。

據統計[1]，2017年高校在校生數量達30,175,430人，其年度消費規模達3,815.68億元，大學生平均日常可支配金額為1,405元/月，其中必要支出812元/月，主要包括吃飯、交通、教輔資料、電話費、醫療費等；非必要支出593元/月，主要包括個人社交娛樂消費、零食飲料消費、鞋帽服飾以及護膚彩妝消費等。從消費場景看，大學生網絡消費的消費場景已經從3C產品向更多領域發展。從消費水準的提升到消費場景的不斷擴展均說明現在的大學生在消費意願和消費能力上都有了非常大的提升。然而，我們也應該看到，大學生處在自控意識較弱的年齡段，相互攀比心理嚴重，容易產生與自身經濟承受能力不匹配的超額消費。大學生金融行為集中在網絡金融領域，艾瑞諮詢2018年8月的研究顯示，花唄和京東白條是大學生首選的透支方式。

近年來大學生在網絡借貸熱潮中成了最為活躍的主體，其負面新聞層出不窮，主要原因有網絡借貸產品與大學生借貸需求相契合的合理性、網絡借貸監管缺失和大學生徵信體系尚不健全的客觀性等，其根本原因在於相關各方對於大學生網絡借貸的金融風險特殊性的認識不夠、對大學生這一特殊群體的金融消費者保護和教育的缺失。

二、大學生金融行為的風險及成因分析

（一）大學生金融行為的風險

在美國，一位大學畢業生的學生貸款是29,000美元，平均一張信用卡的債務是237美元；在新西蘭，學生貸款總額高達70億美元，且有評估稱，其

---

[1] 來源於艾瑞諮詢2018年8月研究數據。

中10%的借款學生到65歲才有能力還清其借款①。學生貸款通常會被接受的原因在於學生很有可能在畢業後獲得高薪，是對其未來償債能力的信任，但即便如此，也很難及時還款。

相較於一般的消費者，大學生金融行為，尤其是大學生當前參與的互聯網金融中的消費信貸表現出了特有的風險：

1. 大學生借款人資格合法但並非恰當的借款主體

依照《中華人民共和國民法通則》第五十五條規定「借款行為人具有相應的民事行為能力、意思表示真實、不違反法律或者社會公共利益」。因此大學生是合法的借款主體，即資格合法。但大學生並非恰當的借款主體，原因在於：一是借款人為非就業人口，其收入主要來自家庭及父母供養，即大學生的還款來源與借款主體是分離的；二是大學生通過參與政策性助學貸款和商業性消費信貸，往往忽略了兩者借貸用途的差異性，激發並助長其對申請借貸的積極性，而對於借款償還過於樂觀。

2. 消費場景的多樣性導致風險的複雜性

大學生作為新新人類其消費借貸的場景廣泛涉及了除住房、汽車貸款之外的所有領域，具體包括代償分期/貸款、租賃分期/貸款、醫美分期/貸款、3C分期/貸款、教育分期/貸款、旅遊分期/貸款、消費帳戶/貸款等。大學生的消費對象既有有形商品，也有無形服務或文化產品，且超前消費、享受型消費的訴求和意願更顯著；消費場景既有線上也有線下，為其提供信貸產品和服務的機構類型也很複雜，而監管如此的多樣性為風險源頭的滋生提供了更多的可能性。

3. 朋輩效應顯著，引致正、負面傳遞示範性共存

大學生的消費行為具有結構多樣化、追趕時尚潮流、消費差距大和階段性強等特點，加之其總體上處於一個不斷成熟的階段，其自我意識和自我控制的能力尚處於形成階段。朋輩，有別於前輩和晚輩，是年齡、經歷、情感和追求極其相似的一群人。其口口相傳的宣傳效應、行為的同感力在大學生群體中尤為顯著。表現在大學生借貸方面，體現出更為明顯的集體性參與或集體性抵制，即正面傳遞示範與負面傳遞示範均更為顯著，這就為大學生借貸風險的擴散、高校群體性金融事件爆發提供了可能性。

---

① W. 弗萊德，範·拉伊. 金融消費者如何購買 [M]. 吳明子，譯. 北京：華夏出版社，2019.

(二) 大學生金融行為的風險成因分析

1. 大學生缺乏理性的消費心理和金融能力

大學生處於一個比較特殊的階段,一方面,社會經驗缺乏,消費心理不成熟,存在著早熟消費、畸形消費、炫耀性消費以及情緒性消費並存的特點,而高校學生的消費能力無法滿足其消費慾望,在外界環境的誘導下,很容易誤入歧途。另一方面,大學生對於生活費用缺乏合理支配的意識和能力,因此,容易出現偶然性資金失衡的情況。從大量的大學生網絡借貸風險事件中也可以看得出來,短期內資金頭寸不平衡,是導致學生去尋求短期網絡借貸的一個重要原因。除了金融、經濟類學科背景的學生,大部分學生缺乏基本的金融學常識和法律常識,不具備用法律武器進行自我保護的能力。而不良貸款平臺卻往往站在法律的交叉點,鑽法律空子打擦邊球讓學生深陷泥潭,一旦風險案件爆發,學生處於明顯的弱勢狀態,十分被動。

而大學生之所以頻繁遭遇金融風險,正是金融能力的兩個要素都偏低的結果:

(1) 大學生金融素養普遍不高。金融素養是金融能力中內在性質的要素,是指消費者需要的與金融有關的內在知識、態度和技能,涉及收入、資產、消費、借貸和保障等。中國家庭缺少對兒童、青少年進行經濟社會化教育的傳統,而教育系統中又缺乏對在校大學生開展經濟有關能力培養的教學模塊[1]。在金融素養不高的同時,大學生離開家庭開始獨立處理經濟事務,並第一次擁有了一大筆可以自由支配的資金。與此同時,大學生的消費需求又遠比中學時代豐富,再加上消費文化和同輩群體的影響,大學生往往選擇貸款或分期付款購買某種消費品,由此接觸到惡意金融服務,進而陷入金融風險。

(2) 大學生金融服務環境不佳。大學生一般缺少信用記錄、沒有收入保障、消費金額相對不高,因此並不是正規金融機構看好的優質客戶。因此,非正規金融服務在規模上突飛猛進,此外為了爭取大學生客戶,可謂無孔不入、甚至無所不用其極。從共享單車的車身,到學校的公共廁所門,到處都粘貼有類似「校園貸」的金融服務的二維碼或聯繫電話,大學生只需掃碼或一個電話即可獲得貸款,這種非傳統乃至原本邊緣化的金融服務現在對大學生來說唾手可得。

2. 缺乏正規的大學生借貸金融服務

傳統金融機構已經形成了以自我為中心的業務邏輯,對新的業務領域缺乏

---

[1] 周曉春. 大學生金融風險與社會工作介入研究 [J]. 中國社會工作, 2018 (31): 23-24.

挑戰的意願，針對大學生的信貸產品和服務非常少，能夠給予大學生提供信貸的機構更少。

但事實上，大學生強烈的消費需求並沒有因為傳統消費金融的缺失而減少，不斷被壓抑的金融需求反而在遍地開花、並不完善的互聯網金融環境下得到疏導，繼而誘發不良貸款案件的頻頻發生。2017年6月，銀監會、人力資源和社會保障部繼續發布《關於進一步加強校園貸規範管理工作的通知》，鼓勵正規金融介入大學生金融借貸業務，但是目前只有中國建設銀行、中國銀行、中國工商銀行、招商銀行和青島銀行有校園貸產品。

因此，我們可以看到由於傳統金融機構的業務僵化、政策的收緊、大學生群體徵信市場的缺失，當前銀行面向大學生推出的校園貸款遠遠無法滿足學生的正常金融需求，部分學生正常的金融需求被抑制，這給不規範的借貸平臺提供了可乘之機。

3. 網絡借貸平臺良莠不齊

從近期的情況來看，儘管以螞蟻花唄為代表的知名度較高的消費借貸平臺能夠在很大程度上解決短期的消費借貸需求，但是我們也應該看到不同消費平臺的運作情況是參差不齊的。2018年6月30日，中國在營運P2P平臺達到2,835家，僅2018年上半年新增P2P平臺36家，消亡721家；截至2019年10月末，僅存429家P2P平臺正常營運，占已檢測到總平臺的6.79%，已有93.21%的平臺湮滅在了歷史長河中。在這些問題平臺的背後，部分大學生參與其中，不管是參與投資還是參與貸款，風險度都極高。

目前市場上出現的大學生網絡分期消費平臺有30多家，這些借貸平臺，往往通過低利息、低門檻、高額度吸引學生目光，並且通過鋪天蓋地的宣傳方式來誘導學生。這些平臺往往利用大學生對新鮮事物接受能力強、但是判斷能力弱的特點，在廣告的推動作用下，非常容易使其失去理性判斷，走上高利貸借貸之路。即便是校園貸平臺在受到銀監會的全面停業整頓指令後，有些平臺轉型成新的「馬甲」，繼續將目光投向大學生，在操作手段上更加具有隱蔽性和誘導性。

三、大學生金融態度與金融行為的問卷調查與研究

(一) 調查材料來源

以下數據來自筆者所在的課題組2018年4~5月對重慶市大學生的問卷調查。調查內容包括大學生的金融態度、金融行為、實際借貸狀況等。樣本選擇的基本步驟是：①將重慶市高等學校按學校層次分為本科第一批和本科第二批

兩個層次；②在每個層次中選擇1-2所高校；③在每所高校隨機選擇大學生進行問卷調查。調查共獲得有效樣本問卷339個，其中本科第一批70個，本科第二批269個。調查樣本總體分佈如表3-2所示。

表3-2 調查問卷總體分佈情況

學校名	本科第一批次	本科第二批次
學校名	重慶大學	重慶工商大學、重慶工商大學融智學院
調查大學生數（人）	70	269

（二）調查高校大學生總體金融狀況

重慶作為西部地區唯一的直轄市，明確了從長江上游地區金融中心、到國內重要功能性金融中心、再到內陸國際金融中心的定位，其多項金融發展指標在西部地區遙遙領先，尤其在新興微型金融業態的發展方面處於全國領先。與全國其他地區的大學生一樣，重慶大學生也呈現交易支付方式集中、投資訴求一般、借貸行為兩極分化的普遍特徵。

具體地，重慶大學生廣泛地使用支付寶、微信支付等日常交易方式；囿於收入有限其投資訴求一般，主要通過支付寶將閒置資金投入餘額寶等流動性較強的短期網絡理財產品。針對大學生的信貸產品及業態主要涉及大學生助學貸款和各類平臺的校園貸。以大學生助學貸款為例，截至2018年11月13日[①]，國家開發銀行重慶分行完成2018年度生源地助學貸款發放，相關金額達10.21億元，貸款受理人次達13.5萬，11年來累計發放金額達68.85億元、簽訂貸款合同103.89萬筆，覆蓋重慶全部區（市、縣），市場份額達到99%，為全市40.17萬名家庭經濟困難學子送去了急需的大學學費。重慶市2017年9月起為加大整治力度、從源頭化解校園貸風險，全面叫停了各類網絡平臺的校園貸業務，禁止任何網絡貸款機構向在校大學生發放貸款，有效降低了重慶高校的校園貸亂象頻率。

（三）樣本大學生的基本信息

1. 樣本大學生的性別與年級特徵

從性別分來看，被調查的339名大學生中，男性有119人，女性有220人，分別占35.1%和64.9%；從年級分佈看，大一和大四學生較少，僅有79人，絕大部分學生集中在大二、大三，占比為76.7%（見表3-3）。

---

① 數據來自國家開發銀行重慶分行。

表3-3 樣本大學生的年級分佈

年級	大一	大二	大三	大四
人數（個）	28	78	182	51
占被調查對象比例（%）	8.26	23.01	53.69	15.04

2. 樣本大學生的專業特徵

從被調查大學生的專業情況看，其中財經類專業為146人，占43.07%，非財經類專業為193人，占56.93%（見表3-4）。

表3-4 樣本大學生的專業分佈

專業	財經類	非財經類
人數（個）	146	193
占被調查對象比例（%）	43.07	56.93

（四）樣本大學生金融態度、金融行為分析

大學生金融態度包括對借貸的態度、對徵信的態度、金融知識水準以及對風險的認知等意識形態；大學金融行為則包括支付行為、借貸行為、投資行為等具體活動。在普惠金融發展的大背景下，大學生的金融態度與金融行為之間存在著密切的聯繫，如學生所學專業是否為財經類專業，對徵信、違約後果的認知、父母是否知情，以及朋輩示範效應等與大學生是否參與借貸、是否違約存在較高的關聯度。本書通過分析樣本大學生的金融態度與金融行為，考察大學生金融態度與金融行為的影響因素，為相關政策建議的制定提供依據。

1. 大學生金融態度的分析

為考察大學生對金融的認知，本次調查對大學生對借貸和徵信的態度與瞭解程度、對借貸細節的瞭解、對違約後果的認知以及對同輩金融行為的評價等金融態度設計了問卷，主要結論如下：

（1）對大學生借貸的警惕性嚴重不足。僅六成大學生對借貸持一定的警惕性，已有借貸經歷的大學生中有四成視借貸為「正常行為不必擔憂」。具體地，被調查的339名大學生中僅有209人對借貸有一定的警惕心理，占比為61.65%，其中有借貸經歷的46人，無借貸經歷的160人；而在有借貸經歷的104人中，有44人認為大學生借貸是正常行為、不必擔憂，比例高達42.31%。

（2）對借貸的瞭解比較表面、粗略，對關鍵性的借貸細節知識缺乏瞭解。

調查表明大學生群體較普遍地對借貸進行了一定的調查、瞭解。具體地，在有借貸經歷的 104 人中，有 73 人對借貸進行過事前查詢瞭解，比例為 70.19％；在無借貸經歷的 235 人中，有 228 人表示已經或者今後借貸之前會對借貸進行調查瞭解，比例為 97.02％。但對利率、分期等關鍵性借貸細節的瞭解不足，顯現出大學生對金融專業知識的群體性欠缺：在有借貸經歷的 104 人中，僅有 29 人明了或有過瞭解，占比為 27.88％，其他 75 人均無瞭解，比例為 72.12％；在無借貸經歷的 235 人中，有 174 人表示沒有認知，占比為 74.04％。

（3）對違約後果、對徵信存在「無知」，甚至「負面認知」的比例較高，有待提升和引導。在有借貸經歷的 104 人中竟有 11 人表示「不知道」違約後果，占比為 10.58％；在無借貸經歷的 235 人中，有 177 人表示「知道」，另有 58 人表示「不知道」，占比為 24.68％。在有借貸經歷的 104 人中，有 68 人表示對徵信持「強烈支持」態度，而其餘 36 人則表示「漠不關心」「沒有聽說過」甚至「反感」，占比高達 34.62％；在無借貸經歷的 235 人中，僅 97 人表示「強烈支持」，其餘 138 人則表示「漠不關心」「沒有聽說過」以及「反感」，占比更高達 58.72％。

2. 大學生基本金融行為的分析

（1）在調查對象中三成大學生有借貸經歷，支付寶花唄/借唄/京東白條等平臺分期方式是其使用頻率最高的借貸渠道，其中「方便快捷」是選擇借貸渠道時最重要的考慮因素（見表 3-5、表 3-6）。

表 3-5　樣本大學生有無借貸經歷的分佈

是否曾使用借貸	是	否
人數（個）	104	235
占被調查對象比例（％）	30.68	69.32

表 3-6　樣本大學生使用的借貸方式及其原因的分佈（多選）

使用的借貸方式及其原因 （最集中的選項）	支付寶花唄/借唄/ 京東白條等	方便快捷
人數（個）	78	79
佔有借貸經歷的被調查對象比例（％）	75	75.96

以上數據在很大程度上反應了大學生對支付寶花唄/借唄/京東白條等借貸方式有著顯著的偏好，其對方便快捷的借貸訴求強烈。

（2）借貸用途多元，基本覆蓋大學生群體的主要消費場景。在被問及「您借貸的用途（可多選）」時，在104名有借貸經歷的大學生中，有45名大學生選擇「服飾消費」，占43.27%；38名大學生選擇「助學貸款」，占38%；35名大學生選擇「餐飲消費」，占到33.65%；另有3C消費和旅遊消費分別占到22.12%和20.19%。以上數據表明，大學生借貸與其消費結構相一致，覆蓋了主要的消費場景，反應了大學生借貸需求的客觀性。

（3）借貸金額呈現「兩極多、中間少」的分佈。當被問及「借貸的一般金額為多少」時，在有借貸經歷的104名大學生中，49%的借貸金額在1,000元以下，借貸金額為1,000~2,000元的占13.46%，借貸金額為2,000~5,000元的占10.58%，借貸金額超過5,000元的則占到26.92%，呈現兩極較多、中間金額較少的特點，與大學生的消費場景、借貸用途分佈一致（見表3-7）。

表3-7　樣本大學生借貸金額的分佈

借貸金額（元）	500以下	500~1,000	1,000~2,000	2,000~5,000	5,000以上
人數（名）	25	26	14	11	28
佔有借貸經歷的被調查對象比例（%）	24.04	25	13.46	10.58	26.92

（4）還款來源與其收入來源匹配較為一致。有借貸經歷的大學生主要依賴的還款來源是來自家庭的生活費和學生在校期間賺取的兼職工資，與大學生的收入來源一致，即借款人正常收入基本能合理匹配還款要求。調查問及「如果還不上借款時會採取何種方法？」時，有借貸經歷的大學生如遇不能還款時首選分期、再是向父母和熟人借錢尋求幫助。

（5）違約不良率顯著高於消費金融行業平均不良率。在借貸經歷的104名大學生中，有7名有過違約經歷，考慮到學生一般的借貸金額較為接近，因此用人數比可粗略地替代有借貸經歷大學生借貸的不良率為6.73%，既高於信用卡貸款行業不良率[1]，也高於消費金融行業平均不良貸款率4.11%[2]，顯示出較高的風險。

（五）影響大學生金融態度、金融行為的因素分析

從以上問卷分析可知，大學生的金融態度與金融行為之間不存在必然的對

---

[1] 根據《2018上半年全國性銀行信用卡業績排行榜》2018年中報披露，信用卡逾期半年未償信貸總額占信用卡應償信貸餘額的1.21%。

[2] 2016年9月末銀監會非銀部數據。

應關係，尤其是大學生的金融態度較為明顯地滯後於其實際的金融行為，易導致金融行為的非理性。因此，有必要深入挖掘大學生金融態度、金融行為的影響因素。

1. 大學生金融態度、金融行為影響因素的交叉列聯表分析

理論上看，影響大學生金融態度、金融行為的主要因素有大學生的身分、收入水準、金融知識水準、對金融產品細節的瞭解程度、風險偏好、朋輩示範效應等，限於本次調查的資料所限①，本書只對大學生所學專業、金融認知水準、對借貸後果及其相關細節知情與否、朋輩示範效應與大學生的金融態度、金融行為進行分析，基本結論如下：

（1）大學生所學專業不同，其對借貸的態度有不同，但區別不大。從表3-8可以看出，財經類專業學生和非財經類專業學生對借貸所持態度的比例分佈基本一致，認為大學生借貸是「正常行為不必擔心」的比例為25%左右，對其有一定警惕性的占到60%左右，這表明大學生所學專業、即是否受到財經類專業性的教育對其借貸態度無顯著性影響。

表3-8　大學生所學專業與其借貸態度之間的關係

		正常行為不必擔心	對信貸有一定的警惕	認為借貸傷面子	堅決抵制	其他	總計	「正常行為不必擔心」比例（%）	「有一定警惕」比例（%）
專業	財經類專業	35	89	1	15	6	146	23.97	60.96
	非財經類專業	52	120	3	15	3	193	26.94	62.18
總計		87	209	4	30	9	339	25.66	61.65

（2）大學生對違約後果的認知、父母是否知情對大學生違約與否有一定的影響，但大學生對借貸/分期利率等細節的認知與其違約概率之間則無關聯。

如表3-9所示，在有借貸經歷的104名受調查大學生中，知道違約後果的學生違約概率為6.45%，而不知道違約後果的學生違約概率為9.09%，說明對違約後果的認知有助於減少違約行為；在有借貸經歷的104名受調查大學生中，父母對其借貸知情的違約概率為5.17%，而父母不知情的學生違約概率為8.70%，說明父母對大學生借貸知情有助於降低大學生的違約概率；調查也發現，大學生對借貸/分期利率等細節的認知差異對於其違約與否基本無影響，即有借貸經歷的大學生並未因對借貸細節的瞭解程度差異而呈現出違約概率上的差異性。

---

①　調查中大學生往往不願意透露收入，加之有借貸行為的大學生的收入水準（含生活費和兼職收入）差異度較小，因此本書沒有分析大學生收入水準對其金融態度、金融行為的影響。

表 3-9 大學生及其父母對借貸細節、違約後果的認知與否與其違約與否的關係

		有違約經歷	無違約經歷	總計	違約概率(%)
對違約後果的認知	知道違約後果	6	87	93	6.45
	不知道違約後果	1	10	11	9.09
父母對其借貸是否知情	知情	3	55	58	5.17
	不知情	4	42	46	8.70
對借貸/分期利率等細節的認知	清楚	5	70	75	6.67
	不清楚	2	27	29	6.90
總計		7	97	104	6.73

（3）朋輩示範效應與大學生是否參與借貸等金融行為有高度相關性。

表 3-10 朋輩示範效應與大學生對借貸的態度，以及是否參與借貸的關係

			正常行為不必擔心	有一定警惕心理	認為借貸傷面子	堅決抵制	其他	總計	總比例(%)
對借貸的態度	有借貸行為	0~10%	3	2	0	0	1	6	5.77
		10%~30%	12	14	1	0	0	27	25.96
		30%~50%	13	17	1	1	3	35	33.65
		50%~80%	14	15	0	1	0	30	28.85
		80%~100%	2	1	0	3	0	6	5.77
		小計	44	49	2	5	4	104	100
	無借貸行為	0~10%	13	48	0	10	0	71	30.21
		10%~30%	14	68	0	9	2	93	39.57
		30%~50%	10	31	2	5	2	50	21.28
		50%~80%	5	12	0	1	1	19	8.09
		80%~100%	1	1	0	0	0	2	0.85
		小計	43	160	2	25	5	235	100

如表 3-10 所示，被調查學生在被問及「推測身邊大學生借貸的使用程度」時，有借貸經歷的大學生中有 33.65% 認為這一比例集中在 30%~50%，有 28.85% 的有借貸經歷的大學生認為這一比例高達 50%~80%，另有 25.96% 的有借貸經歷的大學生亦認為這一比例為 10%~30%；而無借貸經歷的大學生

中有39.57%認為這一比例為10%~30%，有30.21%的無借貸經歷大學生認為身邊大學生借貸使用比例不足10%，另有21.28%認為這一比例為30%~50%。顯然地，有借貸經歷的大學生推測的這一使用比例顯著高於無借貸經歷的大學生，這說明身邊大學生借貸的使用比例高低對大學生自身是否參與借貸有非常大的影響。

進一步地，在有借貸經歷的104名被調查大學生推測的身邊大學生借貸的使用比例較為集中的10%~30%、30%~50%和50%~80%這三個區間，比例越高的區間越傾向於認為大學生借貸屬「正常行為、不必擔心」，而這一比例對其是否持有一定警惕態度無顯著相關性；在無借貸經歷的235名被調查大學生推測的身邊大學生借貸的使用比例較為集中的0%~10%、10%~30%和30%~50%這三個區間，這一比例與其對借貸的態度無顯著相關性。

2. 影響大學生金融態度、金融行為的Probit模型分析

以上初步分析的結果表明，大學生所學專業是否為財經類專業、對徵信及違約後果的認知、父母是否知情，以及朋輩示範效應等均對大學生的金融態度、金融行為有一定程度的影響，但無法得知各個因素的影響力如何。為進一步釐清各因素的具體影響，有必要進行數理模型分析。

（1）模型選擇及相關說明。本書選擇二項分佈的Probit模型對大學生金融態度、金融行為的影響因素做估計，模型的基本表達式如下：

$$Y = \beta_0 + \beta_1 X_1 + \beta_2 X_2 + \beta_3 X_3 + \beta_4 X_4$$

上式中，因變量Y是虛擬變量，表示大學生是否持有理性的金融態度、表現出理性的金融行為，當$Y=0$時，代表大學生傾向於對借貸持有較隨意的非理性金融態度、表現出違約等非理性金融行為，當$Y=1$時，代表大學生傾向於持有理性的金融態度、表現出理性的金融行為。β_0是用0和1虛擬變量矩陣表示的常數項，自變量β_x服從邏輯分佈，X_1代表大學生所學專業是否為財經類專業，X_2代表其對徵信及違約後果的認知，X_3代表父母是否知情，X_4代表朋輩示範效應。

（2）變量定義。模型中變量的選擇與定義如表3-11所示。

表3-11 變量定義說明

因變量	
Y	是否持有理性的金融態度、是否表現出理性的金融行為：是=1，否=0
解釋變量	
SXZY (X_1)	所學專業是否為財經類專業：財經類專業大學生=1，非財經類專業=0
ZXWY (X_2)	對徵信及違約的認知：很清楚=2，聽過、瞭解一點=1，完全不瞭解=0
FMZQ (X_3)	父母對其借貸行為是否知情或是否告知父母令其知情：知情或會告知=1，不知情或不會告知=0
PBSF (X_4)	朋輩示範效應：你推測身邊參與借貸的大學生比例極低（0~10%）=4，你推測身邊參與借貸的大學生比例較低（10%~30%）=3，你推測身邊參與借貸的大學生比例一般（30%~50%）=2，你推測身邊參與借貸的大學生比例較高（50%~80%）=1，你推測身邊參與借貸的大學生比例極高（80%~100%）=0

（3）計量結果

根據調查數據，運用Stata 12.0軟件進行迴歸的結果如表3-12所示。

表3-12 影響大學生金融態度與金融行為的因素Probit模型迴歸分析結果

Probity regression					Numbers of obs = 339	
					LR chi2（4）= 56.86	
					Prob > chi2 = 0.000,0	
Log likelihood = -197.257,12					Pseudo R2 = 0.126,0	
Y	Coef.	Std. Err.	z	p>|z|	[95% Conf. Interval]	
SXZY (X_1)	-0.003,465,4	0.149,845,5	-0.02	0.982	-0.297,157,2	0.290,226,3
ZXWY (X_2)	-0.359,369,9	0.105,824	-3.40	0.001	-0.566,781,1	-0.151,958,6
FMZQ (X_3)	0.557,158,2	0.157,878,3	3.53	0.000	0.247,722,5	0.866,593,9
PBSF (X_4)	0.341,487,8	0.069,982,6	4.88	0.000	0.204,324,3	0.478,651,2
_cons	-0.496,863,6	0.255,634	-1.94	0.052	-0.998,97	0.004,169,9

註：z值為在5%水準下顯著。

（4）對顯著性影響因素的結果分析。表3-12中Probit模型迴歸分析結果表明，無論是大學生持有的主觀金融態度、還是其表現出的客觀金融行為都與

其對徵信與違約後果的認知（ZXWY）、父母知情與否（FMZQ）及朋輩示範效應（PBSF）有關，且存在顯著相關性（P<0.05），其中朋輩示範效應（PBSF）的影響最為顯著，而學生所學專業（SXZY）是否為財經類專業對於大學生是否持有理性的金融態度，以及是否表現出理性的金融行為卻不存在顯著相關性（P=0.982）。

具體來說，①大學生所處群體使用借貸的比例越高，甚至大學生只要推測身邊的大學生群體借貸參與度越高，其自身對借貸的容忍度就更高、實際參與借貸的比例也就越高，即大學生的借貸行為表現出較為顯著的朋輩「負面」示範效應（PBSF）。同樣地，所處群體使用借貸的比例越低，甚至只要推測身邊的大學生群體借貸參與度越低，其自身對借貸的容忍度就越低、實際參與借貸的比例也越低，即朋輩「正面」示範效應（PBSF）同樣顯著，這與實際問卷調查中的主觀推測一致。②對已有借貸經歷的大學生來說，其父母知情與否（FMZQ）對大學生是否違約的影響也較為顯著，即大學生在父母知情的情況下較父母不知情的情況下表現出更低的違約概率。同樣地，對尚無借貸經歷的大學生來說，願意告知父母的大學生持有更為理性的金融態度。這是因為持有更理性的金融態度、基於更合理的借貸理由和還款預期規劃的大學生更傾向於主動告知父母，而出於奢侈性、攀比性消費、借新還舊等非正當合理借貸理由的大學生更難於向父母啟齒，也往往更容易陷入違約、拖欠貸款。③對徵信與違約後果的認知（ZXWY）越清晰，大學生持有的金融態度就越理性，其借貸違約的概率就越低。相反，對徵信與違約後果越「無知」，甚至「負面」認知，其金融態度也就越不理性，其發生借貸違約的概率也隨之上升。

對學生所學專業「是否為財經類專業」變量非顯著性影響因素的推測與分析。從理論上講，學生所學專業若為財經類，受到更專業、更系統的經濟、金融、會計等領域的教育，其與金融相關的專業知識和素養也更高，其金融態度和金融行為也都應該更為理性。而問卷交叉分析表明是否受財經類專業性教育對其金融態度、金融行為顯示不出顯著影響，模型結果更是明確否定了該推測，即所學專業（SXZY）是否為財經類專業學生對於大學生是否持有理性的金融態度，以及是否表現出理性的金融行為不存在顯著相關性（P=0.982），也就是說沒有直接影響。究其原因可能在於：財經類專業的學生較為系統地學習了經濟金融相關知識，一方面側重相關金融理論基礎及其應用的知識傳授使財經類專業的學生對於借貸、投資等金融行為的認同度較高，也容易令其對自己掌握的專業能力水準有著過於樂觀的估計；另一方面，專業性金融教育往往弱化了金融行為負面後果方面的內容，即普及性、底線性金融教育較為缺失，

使大學生對金融行為認知缺少應有的謹慎性，實際參與反而更為隨意、積極。

四、啟示：大學生金融態度與金融行為對普及性金融教育的需求

本書基於問卷調研將大學生金融態度、金融行為與金融教育納入一個分析框架，集中考察大學生所學專業、對徵信及違約後果的認知、父母是否知情，以及朋輩示範效應等對大學生金融態度、金融行為的影響，可得出以下啟示：

（1）由於大學生所學專業是否為與金融緊密相關的財經類專業對其金融態度和金融行為並無顯著性影響，表明旨在培養專業性金融人才的系統性、專業性金融教育對於大學生養成理性金融態度、實施理性金融行為並無顯著效果。

（2）由於對徵信與違約的認知是影響大學生是否持有理性的金融態度，以及是否實施理性的金融行為的重要因素，為減少「校園貸」誘發的惡性事件、有效防控校園金融風險，有必要考慮對大學生開展以金融風險認知、校園誠信、徵信知識、違約後果等為重點的普及性金融教育。

（3）由於朋輩示範效應、父母知情與否對大學生是否持有理性的金融態度，以及是否表現出理性的金融行為的影響最為顯著。因此，為從源頭上防範系統性金融風險在校園的滋生、遏制校園群體性金融事件的發生，有必要在開展普及性金融教育時盡可能選擇能融入同學、父母等的群體性活動形式，營造理性的校園和家庭氛圍，促成對金融態度、金融行為等的理性共識，發揮朋輩示範和父母知情的正面、積極效應。

第三節 農戶借貸行為研究

一、農戶借貸行為研究綜述[①]

農戶是農村金融需求的主體，是農村經濟社會活動的基本單位。其借貸行為是農戶金融行為中最為核心且最有代表性的，主要指農戶與正規金融機構和非正規金融機構之間、農戶與農村集體經濟組織之間、農村企業和個人之間的資金融通活動。隨著農戶所處社會、經濟環境的發展變化，農戶自身及金融需求發生演變，農戶借貸行為也日趨複雜，有必要全面認識農戶借貸行為。農戶借貸是農村微觀金融研究的重要內容，也累積了較為豐富的研究成果。

---

① 刁孝華，尹麗. 農戶借貸行為研究綜述［J］. 經營管理者，2014（19）：30.

（一）對農村金融範式的研究

1. 國外對農村金融範式的研究

國外對農村金融範式的研究主要有以麥金農和肖（1973）為代表的新古典主義「金融自由化」理論和以 Stiglitz、Weiss（1981）、Fazzari、Hubbard 和 Petersen（1988）為代表的新凱恩斯主義的「金融約束理論」兩種。

基於以上金融範式，形成了國際上農村金融三大流派理論：農村信貸補貼論認為，為促進農業生產和緩解農村貧困，有必要從農村外部注入政策性資金，並建立非營利性的專門金融機構來進行資金分配；農村金融市場論是在批判農業信貸補貼論並接納了金融自由化理論的基礎上產生的，認為農村金融資金的缺乏並不是由於農民沒有儲蓄能力，而是農村金融體系中不合理的金融安排所致，如政府管制、利率控制等，從而抑制了農村金融的發展，反對政策性金融對市場的扭曲，特別強調市場機制和農村金融利率市場化；不完全競爭市場論認為政府應成為市場的有益補充，並認可了政府在農村金融市場中的行為職能。

2. 國內對農村金融範式的研究

國內對農村金融範式的研究主要是以哈耶克局部知識範式理論為出發點，馮興元、何文廣（2002、2004）認為：相對於市場而言，政府善於運用為眾人所共知的全局知識，而不善於運用分散在不同時間和地點的局部知識，用較多的政府干預來解決不完全信息問題，往往可能是以政府之所短替代市場之所長。尤其是在農村金融市場，局部知識的大量存在說明了不完全信息或者信息不對稱情況必然大量存在，但這不應是政府干預的理由，恰恰可以主要依靠金融市場機制和競爭機制來發現和利用分散在不同時間和地點的局部知識，減少農村金融市場信息不對稱的問題。

（二）對農戶行為的理論研究

1. 國外對農戶行為理論的研究

對農戶行為的研究主要集中於農戶的行為是否理性這一命題上。代表性的觀點有兩大類：強調小農的經濟理性和強調小農的生存理論（即非理性）。

（1）關於小農的經濟理性。最有代表性的是「舒爾茨—波普金命題」。前者西奧多·舒爾茨在《改造傳統農業》中指出「全世界的農民，在考慮成本、利潤及各種風險時都是很會盤算的生意人，農民在自己的小型、獨立和需要籌劃的領域裡，把一切活動都安排得很有效率」。即是說，農民是在傳統技術狀態下有進取精神並已最大限度地利用了有利可圖的生產機會和資源的人，是貧窮而有效率的，是理性的經濟人；後者S·波普金亦認為，小農無論是在市場

領域還是政治活動中，都更傾向於按理性的投資者原則行事。

（2）關於小農的生存理論。小農生存理論認為小農有非理性的特點。斯科特（1976）在《農民的道義經濟學：東南亞的反叛與生存》中提出了「小農道義經濟學」，認為農民的經濟行為是基於道德而不是理性，因為維持生存是他們的最大問題。處於生計邊緣的小農奉行「安全第一」的原則，總是選擇風險小的生產，而放棄不確定性更大，但具有較高收益期望的生產，表現出選擇的非理性。

上述「理性小農」，抑或是「道義小農」的結論顯然都不能簡單地用於對中國農戶行為的分析與研究，中國農戶有其自身的特殊性和內涵。

2. 對中國農戶行為理論的研究

最有代表性的是華裔學者黃宗智提出的「小農命題」（1985，1990），其核心是小農經濟「半無產化」和「拐杖邏輯」。所謂「半無產化」是指中國農村中存在的暫時離開農村小家庭的多餘勞動力對小農經濟仍心存眷戀的現象，小農家庭的收入構成也因此包括家庭農業收入和非農傭工收入；「拐杖邏輯」則說的是農戶的農業收入被比喻為人的身體，非農收入則被比喻為拐杖，兩者的關係與身體虛弱的時候就需要拐杖來支持同理。「匯豐—清華」中國農村金融發展項目組（2009）經三年多的實證研究發現，農戶的經濟行為與借貸行為一致，帶有明顯的小農經濟特徵，其基本經濟行為是以生存為目的，不是以追逐利益最大化為目的。

（三）對農戶借貸行為的研究

1. 國外對農戶借貸的研究

早在20世紀70年代，國際學術界就對農戶借貸行為進行了研究。Long（1968）通過正規的微觀經濟模型分析農戶借貸的原因，認為農戶的借貸決策是在給定生產機會條件下收益最大化的選擇；Iqbal（1983，1986）從消費者效用最大化理論出發來分析農戶借貸行為，模型分析結果顯示，享受到技術變化好處地區的農戶有更大的借貸傾向，而且面臨更低的貸款利率。

國外近年來主要針對發展中國家，特別是較為貧困的農村地區的農戶借貸進行研究，指出了農戶借貸對於農村經濟發展的重要意義。農戶可以通過得到信貸改變初始稟賦，擴大生產的規模，增加收入（Feder et al., 1990）；農戶的收入由於農業生產的週期性，以及氣候、病蟲災害等影響而不穩定，因此，在歉收的年份農戶需要通過借貸來平滑消費（Duong, Izumida, 2002）。

同時，發展中國家的農村金融市場也存在自身的問題。如 Hoff 和 Stiglitz（1990）的研究指出，由於發展中國家農村金融市場往往存在嚴重的信息不對

稱問題，增加了交易成本，而面向農戶的貸款額度又比較小，這使正規金融機構認為向農戶提供信貸的收益率很低，從而退出這個市場。因此，雖然受到政府管制，但很多發展中國家農村金融市場上的非正規金融部門依然活躍（Siamwalla et al., 1990; Bell, 1990; Tsai, 2004）。Besley 和 Coate（1991）則認為由於非正規金融機構對貸款農戶的信息往往比較瞭解，並且有雙方之間的社會關係作為「隱性擔保機制」，因此，非正規金融機構可以收取較少的擔保品，甚至不需要擔保品。Boucher 和 Guirkinger（2007）更進一步指出，有的農戶，尤其是貧困的農戶出於規避風險的考慮，即使他們有能力提供抵押品，也不願意向正規機構貸款。能夠獲得正規金融機構借貸的農戶往往是較為富裕、有能力提供大額抵押品的農戶。近幾年發展中國家興起的小額貸款機構其初衷是幫助窮人脫貧致富，但有的研究（Coleman, 2006）指出，小額貸款項目主要受益者仍是貧困人口中較為富裕的那一部分人。Prischke、Adams 和 Donald（1987）在考察農民與正式金融組織之間的借貸交易行為後得出結論：能獲得正式金融機構貸款的農民比例很小，在非洲大約占5%，在亞洲、拉丁美洲或許僅有15%，並且這些貸款都集中在少數大生產者手中；大約占總人口5%的借貸者能夠得到總貸款數額的80%。

2. 國內對農戶借貸行為的研究

（1）從正規金融、非正規金融供給的視角對農戶借貸行為的研究。對農戶信貸供給的研究主要圍繞供給的結構，即正規金融、非正規金融及其相互關係問題。最早的是梁啓超對王安石變法研究後提出的「梁啓超不可能定理」，即國家提供的低息正式農貸不可能擠出或替代民間高息貸款，兩者各有用武之地，不可相互替代；此外，林毅夫（1989）通過案例研究揭示：中國改革以來，農村正式和非正式借貸市場都十分狹小，且彼此間一般不能有效替代。正式貸款嚴格限制其生產性用途，其期限接近生產週期長度，非正式貸款幾乎都用於突發、大額以及明顯的特殊消費等，通常不增加農業生產中的淨流動資金。

近年來，中國政府雖然投入了大量的資金投放低息貸款，但大多數農戶仍然從非正規金融渠道融資（何廣文，1999；溫鐵軍，2001；李銳、李寧軍，2004）。多數農戶的借貸需求主要是消費性的，正規金融機構本來就具有「嫌貧愛富」的天性，使得農戶借貸的供求結構一直不對稱（張軍，1999；周立，2003b；張杰，2003）。農戶數量龐大、平均經營規模微小、區域特徵明顯，使得確保農村資金從有限的供給渠道和組織網絡流向數以億計的農戶家庭，並保持供求平衡，在中國始終是富有挑戰性的議題（張紅宇，2004）。「匯豐—清

華」中國農村金融發展項目組（2009）指出，農戶借貸行為普遍存在金融市場「啄序」特徵，即正規金融的資金普遍向較富裕農戶傾斜。

另有大量學者利用獨有資料（史清華，2002、2005；周曉斌，2003；沈明高，2004；周天蕓，2004）和實地調查資料（溫鐵軍，2000、2001；曹力群，2002；陳天閣，2004）研究中國農戶信貸的規模與結構後得出基本一致的結論：正規金融的農戶貸款比例逐步下降，非正規金融比例逐步上升，非正規金融在農戶借貸市場中居主導地位。汪三貴、楊穎（2003）通過對四個貧困縣229個農戶跟蹤調查比較和研究後發現，農戶參與信貸市場的比例在下降，特別是從正規金融機構貸款的農戶比例大幅度減少。李延敏等人（2005）認為西部地區農戶信貸供給市場的主要特徵是正規金融體系的信貸供給缺位，缺乏長期、大額信貸資金的供給，農戶缺乏可用的抵押品是阻礙其參與正規信貸市場的主要原因。此外，還有一些將借貸難的原因歸結為信息不對稱，如何廣文等（2005）認為農戶借貸難在很大程度上是因為農戶不能提供完善可靠的信息；周立（2005）認為由於農村地區居民居住較為分散、信息閉塞，農村信貸市場的信息不對稱問題遠比城市普遍和嚴重。

史晉川（2003）發現非正規金融具有信息甄別的優勢；張杰（2003）發展了一個模型，指出了非正規金融的帕累托改進機制；謝平等（2003）分析了正規金融機構的尋租行為，指出正規金融機構的實際利率等於非正規金融部門的貸款利率。

（2）對農戶借貸資金用途的分析。農戶借貸資金的用途一般分為生產性借貸和消費性借貸（又稱非生產性借貸）。研究者們通過實證分析了農戶借貸資金的用途及其變化趨勢。但由於研究視角或樣本的不同，各方觀點迥異。

一種有代表性的觀點認為，農戶借貸資金的生產性用途占主體。史清華（2002）對山西745戶農戶家庭的借貸行為調查研究後發現，農戶借貸活動逐漸頻繁，並由生存性消費借貸向發展性生產借貸轉化；且由於生產性借貸屬於市場風險投資，市場經濟發展驅使農村由「道義金融」向「契約金融」轉化，致使農戶建房、「婚喪嫁娶」等福利性借貸僅次於生產性借貸，在家庭生命週期後半段上升為第一位。李銳（2004）採用2003年對3,000個農戶的抽樣調查數據分析後發現，樣本農戶無論從何種渠道獲得的借貸，其大部分都是用來從事農業生產和其他經營活動的。方文豪（2005）對浙江省永康市151戶農戶的調查發現，正規借貸基本上用於生產用途，非正規借貸也以生產性用途為主。

與之相對應的觀點是，農戶借貸資金的用途仍以非生產性用途為主。朱守

銀（2003）對傳統農區農戶的借貸分析後發現，農戶借貸資金更多的是為了滿足家庭生活消費和非農生產需要，農戶的借貸主要用於滿足家庭生活消費（占45.4%）、農業生產（占13.4%）和非農業生產（占32.7%）的需要，而家庭生活消費主要用於蓋房（占42.7%），其次為「婚喪嫁娶」。農業生產性借貸資金的投向主要集中於高效農業。劉祚祥、王海燕、周麗（2008）發現隨著農戶市場交易範圍的擴大，農戶的消費性需求日趨增長，特別是住房、醫療與教育投資成為拉動農戶消費性金融需求的強大動力；徐瑜青（2009）指出中國農戶借貸表現出「農戶消費性借貸比重大，生產性借貸積極性不高」的特點，並詳細指出小農特點和「內融資偏好」借貸意識決定了小農不存在擴大再生產的借貸需求，只有當他們的土地保障性生產資金不足時，才會有生產性借貸的需求，且具有救助性；除此之外的借貸需求大都是消費性的。

發達地區的農戶早已脫貧，其進行借貸的生產性融資和生活性融資的需求較少，而處於欠發達地區農村的農戶其借貸需求可能集中在農戶小額生產性融資甚至生活性融資上（朱玲，1995；何廣文，1999；中國社會科學院課題組，2000；張建港、聶勁松，2001；朱守銀等，2003）。

由此，農戶借貸資金的用途在不同地域、不同時期差異較大。但可以肯定的是，農戶借貸資金的生產性和消費性用途是並存的。

（3）農戶借貸可得性的影響因素研究。其主要觀點經歸納整理如表3-13所示。

表3-13　農戶借貸可得性影響因素研究觀點歸納

研究者與時間	主要分析方法	農戶借貸可得性的主要影響因素	
		正規借貸	非正規借貸
汪三貴（1998）		土地面積、家庭成員是否為村幹部、耐用消費品價值、借給別人錢的數量、未償還的正規貸款數量	財產（房產、耐用消費品、儲蓄）和社會關係（與主要成員交往的密切程度、關係網的大小）
Pham & Izumida（2002）	Tobit迴歸模型	耕地總面積、家畜總價值	老人個數、耕地總面積
		農戶選擇正規還是非正規借貸跟農戶的借款目的、生產能力、年齡、教育程度及所處地區有關	
Pal（2002）	多元迴歸模型	土地價值、工資性收入、消費需求、以往借款經歷	
		獲得無息借款的可能性擴大了農戶從非正規部門借款的可能性	

表3-13(續)

研究者與時間	主要分析方法	農戶借貸可得性的主要影響因素	
		正規借貸	非正規借貸
韓俊等(2007)	Probit 和 Tobit 模型	農戶家庭收入決定了獲得借貸的可能性（家庭收入和財富決定了農戶的償還能力），農戶的教育支出和醫療支出增加了農戶借貸獲得率	
李銳(2004)		農戶成年人受教育年限、經營的土地規模、非農業收入和村莊發展水準影響	
Reka(2005)	多元迴歸	農戶稟賦、借貸經驗、償還歷史等有影響，但不如非正規借貸中顯著	農戶稟賦、借貸經驗、償還歷史等有顯著影響
顏志杰、張林秀等(2005)	Probit 和 Tobit 模型	戶主受教育水準、耕地面積、房屋價值、非農就業人數及貸款用途	男勞動力個數、戶主年齡、上學子女個數、房屋價值和耐用消費品
周天蕓(2005)	Probit 模型	種植業收入、經營耕地面積等影響正規借貸	農戶的實際收入、主要勞動力年齡，反應家庭財產狀況的房屋原值和非固定資產原值
王旭芳(2007)	多元 Logistic 迴歸模型	戶主年齡、家庭負擔水準、償還期限均與農戶獲得借貸支持呈反方向變動；勞動力水準、戶主的文化程度、農戶總收入、非農就業能力、農戶借貸意願、借貸利率與農戶獲得借貸支持同向變動；耕地面積、住房原值、生產性固定資產原值、金融資產指標與同時獲得正規、非正規金融貸款，以及僅獲得非正規金融貸款呈反向變動，與獲得正規金融貸款呈同向變動	
褚保金等(2008)		戶主受教育年限、農戶勞動力數量、是否擔任村幹部、住房價值、教育支出、是否有在政府部門工作的親戚朋友等變量均與農戶獲得借貸支持呈正向變動	
賀莎莎(2008)	描述統計	非農收入越高的農戶從正規金融獲得的貸款越多，非農收入較低的農戶很少能夠從正規金融獲得貸款；農戶家庭財產水準（包括房屋、耐用消費品和禽畜）在獲得正規借貸中起重要作用；戶均耕地面積越大，農戶獲得正規借貸的可能性越大；農戶對銀行借款的政策瞭解越多，越有利於其獲得正規借款；勞動力較多的農戶獲得借款的可能性較高；戶主的文化程度高有利於農戶獲得借款；女性戶主一般較男性戶主更容易獲得貸款；戶主是黨員更容易獲得借款；戶主擔任過或正在擔任村幹部有利於農戶獲得借款	

(4) 對農戶借貸成本——借貸利率的評價。有很多研究（Hoff, Stiglitz, 1997; Bell et al., 1997）指出，正規金融和非正規金融兩個市場是分割的，有不同的利率，不能確定哪個的利率更高。其原因在於雖然政府能夠為農戶提供一部分低於市場利率的貸款，但農戶可以憑藉人情關係從非正規金融處（如親友借貸）獲得低息、甚至無息的貸款。謝平、陸磊（2003）認為，正規金融市場價格與非正規的民間借貸價格沒有本質區別，正規金融甚至具備高利貸特徵，原因是金融機構隱性尋租，農戶為了促使信用社真正成為「聯繫農民的金融紐帶」付出的紐帶費用和貸款申請費用，與民間借貸實際上是均衡的。「匯豐—清華」中國農村金融發展項目組（2009）通過調研指出，從借貸利率來看呈分化狀態，即低利率和高利率多，中等利率少。張杰（2004）將利率分佈稱為「兩極三元結構」，兩極是高利息或低利息，不存在中利息市場。三元結構是指農戶借貸的三個來源：政府小額信貸、熟人社會低息借貸和高利息借貸。但亦有不少學者（葉敬忠，2004；王芳，2005；方文豪，2005）指出非正規借貸雖無高息現象，但存在隱性利率，即「人情債」。而正規借貸利率與非正規借貸利率對農戶而言沒有顯著差異。

（四）結論及今後的研究方向

農戶是農村借貸市場的主體，已有的研究成果也較為豐富。筆者綜合歸納，對中國農戶借貸行為有了較為清晰的認識：①農戶借貸目的的生產性和消費性用途並存[①]；②中國農戶借貸市場二元結構特徵顯著，非正規借貸是農戶借貸的主要來源，且非正規借貸的雙方之間的信息不對稱並不嚴重；③利率並不是影響農戶借貸行為的關鍵因素；④不同農戶之間的借貸存在差異。

已有的研究大多探討農村金融制度的變革以及農村金融的供給等，而對農村的有效金融需求的研究，或者同時從供給和需求兩方面的深入研究相對較少。基於此，筆者以為今後圍繞農戶借貸行為的研究可著眼於農戶的需求來展開：一是在現有監管體制和架構下，如何以農戶需求為本位，開展全方位的農村金融創新，以有效的供給滿足多樣化的農戶借貸需求，進而實現農戶借貸供求在高位獲得均衡。二是，現有農戶借貸市場的二元結構如何滿足由於地域性、時期性引致的農戶借貸的多樣性、多變性，即如何提升正規金融的靈活性，以及如何保障非正規金融的規範性和持久性的問題。

二、中國農村金融發展歷程中的農戶借貸行為演進

在中國，農村金融市場呈現出顯著的「二元性」特徵，傳統金融機構與

---

① 黃曉紅. 農戶借貸中的聲譽作用機制研究 [D]. 杭州：浙江大學，2009.

現代金融機構並存，表現為資金總量供給不足、金融產品單一、金融服務滯後以及利率槓桿失靈等，且一直處於發展變化的狀態。本節擬分出農戶借貸推廣階段、全面發展階段和創新升級階段，從農戶的借貸水準和規模、借貸渠道、借貸資金用途、借貸利率以及借貸期限等方面研究農戶借貸行為的演進。

（一）農戶借貸試點階段（1981—1994年）

中國農戶借貸始於20世紀80年代的國際非政府組織（NGO）向貧困農戶放貸的項目。1981年國際農業發展基金對內蒙古8旗（縣）開展北方草原與畜牧發展項目，其後又有15個項目、3.8億美元承諾貸款被投至中國，以40年還款期、10年寬限期、每年0.75%的服務費為優惠條件。再到中國社科院開啓的扶貧社信貸項目標誌著中國農戶借貸試點階段的開端。這些項目定位為低收入者，旨在為改善窮人的融資環境提供幫助，進而改善其生活狀況，具有濃厚的「扶貧」色彩。因農戶居住地分散，農戶參與信貸過程成本高，農戶的參與較為被動，村、鄉鎮等各級貸款小組、項目辦公室等的聯繫作用不可小視。

（二）農戶借貸初步推廣階段（1995—2004年）

中國從1994年起將加強農村基礎建設放在經濟工作的首位，從國家層面重視農民收入的持續增長。隨著農戶收入水準的顯著提高，農戶的借貸能力也隨之提升。從借貸水準看，農戶的借貸水準增長較快，2002年全國農戶戶均借款1,414.4元[1]；借款來源則受到農村社會的圈層交往格局和農戶生存邏輯的影響，從正規機構借入的正式借貸所占比重則較低，私人借貸則成為農戶借款的主要途徑，1995—1999年農戶借款來源中僅私人借款就平均超過了70%[2]。並以傳統的熟人無息借貸為代表，表明農戶間的借款鮮有以營利為目的；從借款用途來看，不同類型的農戶呈現不同的特點，但總體來看用於生產的比例下降，表明農戶的生活水準尚有待提高，絕大部分借款仍用於改善生活質量。

（三）農戶借貸全面發展階段（2005—2014年）

進入21世紀，「三農」問題被提升至國家層面而得到高度重視，農村金融市場獲得了前所未有的發展。尤其在2008年金融危機之後，為大力拉動內需啟動了提高國民購買力的戰略，其中一個重要方面便是提高農民的購買力、提高農民收入水準，使農村市場的需求成為有效需求。從借貸規模來看，農戶

---

[1] 周天芸，李杰. 農戶借貸行為與中國農村二元金融結構的經驗研究 [J]. 世界經濟，2005 (11)：19-25.

[2] 溫鐵軍. 農戶信用與民間借貸研究 [EB/OL]. 中經網：50人論壇，2001-06-07.

從農信社、商業銀行等正規機構借貸的單筆規模較小，較多地集中在3,000~5,000元，而8,000元以上的借貸筆數偏少；從非正規金融借貸的金額更加小額、也更為分散，但因借貸手續更便捷、靈活，借貸頻率較高；從借貸來源看，農戶對現代商業金融體系存在疏離，主要通過親友和傳統信用社借貸。從借貸用途來看，農戶的借貸用途呈現較為明顯的地域差異，東部地區農戶借貸的生產性、商業性用途相對較多，中、西部農戶生活性用途較多。2008年出版的《中國農村金融改革發展三十年》指出，東部地區農戶借貸資金用途比例最高的三項是農業生產、做生意、蓋房或修繕，中部地區則是農業生產、子女教育[①]。從借貸利率來看，農戶對利率有一定的敏感度，但在資金需求較為緊急時，不在乎借款成本，農戶的借款來源以友情借貸為主。

（四）農戶借貸創新升級階段（2015年至今）

2014年起，阿里巴巴、京東金融等互聯網巨頭紛紛開始涉足農村金融市場，通過設立農村服務網點、創新金融產品等方式正式進入農村金融市場。2014年10月，阿里巴巴啟動了「千村萬戶」計劃，在全國範圍內推廣「淘寶村」模式。2015年「農村互聯網金融」概念興起，涵蓋了農村、互聯網和金融三重屬性。一方面，互聯網金融因不受網點限制，可以有效打破空間阻隔，運作模式因而更有效率；另一方面，身處農村地區的廣大農戶對互聯網金融有著更為迫切的需求，既適應了農村非標準化的金融需求，可以為農戶提供更多的增信增值服務，又可將手機作為金融基礎設施，實現邊際成本最小化地覆蓋同樣規模的農村人群，踐行農村金融服務的低成本推廣。特別是2019年2月21日，中共中央辦公廳、國務院辦公廳印發《關於促進小農戶和現代農業發展有機銜接的意見》，首次提出「鼓勵產業鏈金融、互聯網金融在依法合規前提下為小農戶提供金融服務」；2019年9月央行發布的《中國農村金融服務報告（2018）》明確了「規範互聯網金融在農村地區的發展」；這些指導性政策文件都為中國農戶借貸在以互聯網金融、金融科技為代表的創新升級階段的發展提出了健康規範發展的要求。本研究其後將就這一發展趨勢下的農戶借貸行為作專門的分析。

三、自金融趨勢下的農戶借貸行為

（一）「數字鄉村」奠定了農戶借貸行為的技術基礎

伴隨著中國近年來對農村互聯網建設的大力推動，2019年5月印發的

---

① 中國農村金融學會. 中國農村金融改革發展三十年[M]. 北京：中國金融出版社，2008.

《數字鄉村發展戰略綱要》，明確了「數字鄉村是鄉村振興的戰略方向，也是建設數字中國的重要內容」，且已取得顯著成效。根據《中國互聯網發展報告2019》的數據，截至2019年6月，中國農村網民規模達2.25億人，占網民總數的26.3%，較2018年年底增長305萬人，半年增長率為1.4%。其中，移動互聯網成為推進信息進村入戶的關鍵切點。互聯網企業、行業協會、專業機構等加大對涉農微信、微博、專業App等移動應用的平臺和內容投入，為農民提供政策、市場、技術、保險、金融等生產生活各方面的便捷信息服務。

(二) 互聯網普惠金融為農戶借貸行為提供了多元化的商業模式

1. 自營模式

自營放貸模式是指互聯網農村金融服務商自己在各地招收信貸員，構成地推團隊，平臺對其進行專業培訓，放貸員再開展業務，主要負責業務拓展與信用評估，同時還需在必要情況下與農戶進行技術交流和指導。例如宜信農商貸以線下網點為單位培養客戶經理，客戶經理需擔任信貸員和風控員雙重角色，一方面負責開發用戶，另一方面對每一筆貸款申請進行入戶調查，並對用戶現金流進行分析，同時評估核算其信貸額度，信貸員事實上參與了從受理用戶申請到信用審核、風險評估、撮合借貸、款項回收、逾期催收的全流程服務。放貸員基本是身兼數職，一方面拓展借款業務，同時對借款用戶進行信用評估；另一方面也需要給農戶提供專業科學的農業知識等。這種自營放貸員的模式可以相對有效地控制放貸員的質量，但培訓成本和推廣成本較高，線下推廣的速度也較慢。

2. 加盟商模式

加盟商模式的典型代表是網貸平臺翼農貸，翼農貸在業務開展過程中，與全國小貸公司、擔保公司、投資公司等合作，使其成為在全國範圍開展業務的加盟商。加盟商的職責是推薦借款人在平臺融資並提供擔保。其本質上是利用當地人對當地情況的瞭解而開展業務，一方面可以相對有效地控制風險；另一方面可以快速擴大業務覆蓋範圍。各類平臺都在紛紛利用加盟商或其他方式拓展業務，比如村村樂，選擇與地方網絡村幹部合作，30萬網絡村幹部可以幫助其瞭解貸款農民情況；阿里巴巴螞蟻金服通過農村淘寶（村淘）掌握農民貸款資金用途、京東金融則通過鄉村服務點掌握貸款農民情況；這些業務拓展模式及風控模式都可以算作一種加盟方式。但業務操作過程中可能存在詐欺風險，如加盟方與貸款用戶聯合詐欺騙取貸款等。

3. 消費場景嵌入模式

在針對農戶生活消費及經營方面的借貸需求而提供服務的過程中，出現了

與場景方合作或者自建場景的方式。與場景方合作通常情況是一些服務商與線下農資經銷商合作，為農戶提供代付類分期借款服務。其基本模式是駐點模式，即服務商與線下農資經銷商合作，農戶在購買農用物資過程中可選擇申請分期付款方式，服務商在對農戶進行信用審核後將貸款劃至經銷商，農戶收穫農產品後再還款給服務商。自建場景指的是服務商自己搭建農資電商平臺，經銷商等入駐，從而拓展場景，其提供的金融服務是代付類消費性貸款。

(三) 農戶借貸行為的相關數據

2019 年 2 月，五部委聯合發布《關於金融服務鄉村振興的指導意見》，該意見中明確要強化金融產品和服務方式創新，強化農村地區金融消費權益保護，增強農村金融消費者的風險意識和識別違規違法金融活動的能力。統計局最新數據顯示，截至 2018 年年末，中國大陸人口 14 億；從城鄉結構來看，城鎮常住人口 8.3 億，鄉村常住人口 5.6 億，鄉村人口占總人口數量 40.42%。從數據角度分析，農村將是金融產品有待開發的市場。隨著淘寶、京東以及拼多多在市場中的下沉，農村市場正在逐漸被打開，且已經形成了新的消費趨勢，用戶對於新的消費場景以及多樣化的需求正在慢慢被滿足，教育、娛樂、旅遊、醫療等成了主要的消費細分領域。

1. 帳戶及銀行卡使用情況

截至 2018 年年末，農村地區累計開立個人銀行結算帳戶 43.05 億戶，同比增長 8.55%，人均 4.44 戶。截至 2018 年年末，農村地區銀行卡發卡量 32.08 億張，人均持卡量 3.31 張。其中，借記卡 29.91 億張，同比增長 11.13%；信用卡 2.02 億張，同比增長 15.6%[1]。

助農取款服務點的設置已基本打通了金融服務的「最後一公里」，與電商融合發展取得成效。截至 2018 年年末，全國共設置銀行卡助農取款服務點 86.49 萬個（其中，加載電商功能的 20.61 萬個），覆蓋村級行政區 52.2 萬個，村級行政區覆蓋率達 98.23%，村均服務點 1.63 個。2018 年，農村地區助農取款服務點共辦理支付業務（包括取款、匯款、代理繳費）合計 4.63 億筆，金額 3,618.69 億元，與上年基本持平。2018 年，農村地區銀行卡助農取款服務人均支付業務筆數為 0.48 筆，較上年的 0.46 筆有所上升。

2. 電子支付使用情況

電子支付主要指客戶通過網上銀行、電話銀行、手機銀行、POS、ATM 及

---

[1] 中國人民銀行金融消費權益保護局. 中國普惠金融指標分析報告 (2018 年) [EB/OL]. http://www.pbc.gov.cn/goutongjiaoliu/113456/113469/3905926/index.html.

其他電子渠道發起的帳務變動類業務。2018 年，全國使用電子支付成年人比例為 82.39%，比上年高 5.49 個百分點；農村地區使用電子支付成年人比例為 72.15%，比上年高 5.64 個百分點[①]；截至 2018 年年末，農村地區網上銀行開通數累計 6.12 億戶，同比增長 15.29%；2018 年發生網銀支付業務筆數 102.08 億筆，與上年相比呈小幅增長，金額 147.46 萬億元，與上年相比略有下降；農村地區手機銀行開通數累計 6.7 億戶，同比增長 29.64%；2018 年發生手機銀行支付業務筆數 93.87 億筆，金額 52.21 萬億元，同比分別增長 3.04%、34.26%。

3. 農戶信貸情況

從整體來說，農戶生產經營貸款平穩增長。截至 2018 年年末，農戶生產經營貸款餘額為 5.06 萬億元，同比增長 7.6%，增速比上年高 1.1 個百分點；建檔立卡貧困人口及已脫貧人口貸款穩步增長。截至 2018 年年末，建檔立卡貧困人口及已脫貧人口貸款餘額 7,244 億元，同比增長 20.6%。

（1）涉農 P2P 網貸平臺。2014—2015 年，以 P2P 為代表的互聯網金融得到了政策的大力支持，同時，加快農村金融創新也成為國務院等部門的戰略部署；在政策環境利好的背景下，涉足農村金融的網貸平臺呈現跳躍式增長。截至 2016 年年末，以農村金融為重要業務的涉農貸款金額在千萬元人民幣以上的 P2P 網貸平臺至少 114 家。

從交易金額來看，2016 年由於農村金融參與者不再明顯增長，P2P 農村金融為增量市場，全年交易額約在 450 億元；從借款期限來看，P2P 農村金融借款期限明顯長於 P2P 行業整體水準（150~220 天波動）；從借貸利率來看，與 P2P 行業整體相比，P2P 農村金融借貸利率低 0.2~1.2 個百分點。

（2）創業型農戶借貸。全民創業萬眾創新時代的到來，在農村促進了創業型農戶的發展。多數小型創業型農戶對借貸資金的需求較小，自給自足的生產模式、貸款手續的繁瑣、無息的民間融資渠道（從親戚朋友獲得）都使得他們不願意貸款；小部分創業大戶，民間融資已不能滿足他們對資金的需求，於是他們往往以房屋作為抵押，從各大金融機構獲得貸款用作生意的週轉資金。

---

① 中國人民銀行金融消費權益保護局，中國普惠金融指標分析報告（2018 年）[EB/OL]. http://www.pbc.gov.cn/goutongjiaoliu/113456/113469/3905926/index.html.

第四節　自金融趨勢下藍領借貸行為研究

根據艾瑞諮詢的調查，2015 年中國藍領消費金融市場放款總量約為 100 億元，只覆蓋了潛在市場 1.1%左右，市場空間巨大。互聯網消費金融作為一種新型的消費信貸形式，從受眾度和可操作度等方面考慮，均更適用於互聯網普及率高的青年群體，即 18~35 歲人群。該區間的藍領工作者是互聯網消費金融的主要群體，瞭解與其相應的金融細分市場的狀況，研究這一群體的金融行為特徵，有助於豐富消費者金融行為的相關研究。

一、藍領人群的用戶規模與結構

藍領（Blue-collar worker），指工作在基層的勞動者，工作內容多為重複性工作。他們是城市運轉的根基和動力，是社會發展必不可少的組成部分。藍領人群可以分為「舊藍領」和「新藍領」。舊藍領是傳統意義上的藍領，特指從事體力勞動的工人，主要分佈在製造業；新藍領指工作於服務業的基層勞動者，如餐廳服務員、客服等。兩類人群共同構成了現代意義上的藍領，且隨著傳統製造業的衰落、服務業（尤其是外賣、物流等互聯網業務訂單的增長）的蓬勃發展，舊藍領開始逐漸流入服務業，新藍領的比重增加。

根據《2019 年藍領生活與金融需求問卷調查報告》，在年齡方面，當前藍領人群以「80 後」「90 後」為主，佔比超過 56%，並逐步邁入「00 後」務工潮；性別方面，以男性為主，佔比高達 84.22%；婚否狀態方面，未婚人群佔比超過 35%；學歷方面，高中及以上學歷人數佔比超過 78.92%，本科及以上學歷佔比近 10%；所處行業方面，快遞員/物流運輸人員、餐飲服務員、導購員構成了中國藍領大軍的主體；地域分佈方面，藍領主要從廣西、四川、河南主要勞動力輸出強省向廣東、浙江、北京、上海等都市群和城市群遷徙、移動，目前主要集中於長三角、珠三角經濟帶，且同市務工與同省務工比例明顯上升，超過 76%。

二、藍領人群的收支情況

1. 收入

2016 年中國年輕藍領人群的人均月收入 4,000 元左右，其中北、上、廣、

深的秘書、保姆/護工等職位工資最高，約為 4,820 元①。2019 年藍領群體月平均收入 3,000~6,000 元②，與傳統藍領「低收入」的形象有了顯著差別。其中，21.3%的藍領月收入高於 8,000 元。即藍領人群的「含金量」隨自身專業技能水準呈現同步提升。

2. 支出

藍領人群，尤其是年輕藍領通常有較強的消費力。其日常花銷中50%以上為剛性支出，具體為住房、家庭養育（包括養育子女和孝敬父母）等；其次為消費類支出，包括食品、衣服、娛樂等，占 1/3。按照藍領人群目前 4,500 元左右（根據 3,000~6,000 元作平均收入計算）的月收入衡量，大額消費支出（如 3C 產品購買）將對其造成較大的資金壓力。即短期大額消費的需求與當月收入能力（可支配收入）之間存在矛盾，給分期消費帶來了市場空間，既可滿足自身的消費需求，又緩解了資金週轉壓力。

總之，藍領人群較難實現收支平衡，不到四成藍領的收入能滿足其日常開銷，其借款，尤其是短期借貸的需求較為旺盛。

三、藍領人群借款行為的分析

從借款用途來看，智能手機成了年輕藍領人群必不可少的生活用品，是其日常溝通、社交、消費、娛樂等需求的重要載體；其次是其他電子產品、旅行、房租、奢侈品、婚嫁等。

從借貸場景來看，對線下場景的依賴性較強。年輕藍領人群雖然對互聯網接受程度高，但在購買手機等消費產品時更希望全面瞭解其外觀、性能等，因此線下成了年輕藍領人群享受消費金融服務不可或缺的場景。

從借貸金額來看，年輕藍領人群借貸金額與產品本身的價格水準存在較高相關性。具體地③，最常購買智能手機的借貸金額主要集中在 2,000~4,000 元，占比為 38%；而數碼產品、旅遊和其他借貸金額集中在 4,000~8,000 元，高於智能手機的借貸金額。此外，25~35 歲的年輕藍領群體事業處於上升期，其首次借貸金額均值為 3,000 元，且在首次貸款後，對平臺安全性有了一定的

---

① 艾瑞諮詢. 中國藍領人群消費金融市場研究報告（2016）[EB/OL]. (2016-09). https://www.iresearch.com.cn/Detail/report? id=2646&isfree=0.
② 信用算力研究院.2019年藍領生活與金融需求問卷調查報告 [EB/OL]. (2019-05-06). https://baijiahao.baidu.com/s? id=1632778121266145720&wfr=spider&for=pc.
③ 艾瑞諮詢. 中國藍領人群消費金融市場研究報告 2016 [EB/OL]. (2016-09) https://www.iresearch.com.cn/Detail/report? id=2646&isfree=0.

瞭解，往往都會有較為強烈的二次借貸需求。

從借貸期限來看，中國年輕藍領人群借貸的還款期限主要集中在6~12個月。究其原因，大多數藍領為「月光族」，較之其他消費金融群體往往選擇較長的還款期限，但考慮到利息負擔，用戶大多數選擇6~12個月內。

從過往的在線借款行為來看，其還款意願較好，76.33%的藍領借款用戶從未逾期，超過一半的用戶甚至希望自己能提前還款，僅12%的藍領用戶由於經濟原因可能出現逾期幾天的情況；進一步地，從年齡分佈來看，「85後」較其他年齡段有更高的逾期比例，高達40%，而其他年齡段中有近90%選擇提前還款或按時還款。

從在線借款行為的影響因素來看，一般而言，藍領人群更關注借貸產品的利息的高低、審批速度和額度大小。但不同年齡段的藍領人群的核心關注點略有差異。此外，個人信息洩露、因忘記還款產生的逾期費用、過度借款導致的超前消費、個人還款壓力以及是否影響其個人徵信也是藍領人群考慮的重要因素。

從藍領人群借款產品供給的角度來看，從成本效益角度出發，傳統金融機構根本不可能顧及與覆蓋到藍領人群的3C消費，無法滿足其小額分散的借貸訴求。

四、藍領互聯網金融產品案例——買單俠

買單俠是上海秦倉信息科技有限公司開發的一款針對中國年輕藍領提供小額消費分期付款和消費金融服務的消費分期技術產品，其在申請和審核環節不斷追求便捷和高效，打造極致的用戶體驗。其業務模式主要分三步：

（1）掃碼申請：藍領用戶只需在線下門店掃描店員手機上的二維碼即可進行分期操作，每個二維碼具有唯一性，並有嚴格的申請時間限制，安全、可靠。

（2）審核放款：買單俠的審核由數據驅動的智能算法自動完成。每次申請，買單俠會對超過10,000個數據點進行交叉分析，將顧客的社交行為特徵、生物識別技術、機器學習等多種方式與買單俠獨創的中央決策引擎深度結合，從提交至放款，只需8分鐘，居行業領先水準。

（3）刷卡購買：與傳統分期貸款機構不同，用戶在通過審核後，買單俠會直接把錢打到用戶的銀行卡，實現隨時買、隨時走，方便快捷。

第四章　自金融趨勢下消費者金融行為監管的問題及應對

第一節　概述

一、背景

(一) 21世紀金融監管實踐中主要理念的轉變

2008年金融危機之前，各國監管機構大都秉承如下理念：金融監管不應當阻礙金融機構和金融業務的發展。持該代表性觀點的國家有，美國的「最少的監管就是最好的監管」、英國的「輕觸式監管」(light touch regulation) 以及荷蘭的謹慎干預 (cautious intervention)。2008年金融危機之後，金融監管的理念則發生了顛覆性的轉變。最具代表性的是國際貨幣基金組織IMF提出的「良好監管五要素」：

(1) 好的監管具備侵入性，即監管者應熟知被監管對象，實施現場監管，並對重大問題進行問詢，讓市場感覺到金融監管的持續存在。

(2) 要敢於質疑，還要積極主動，即監管機構應當始終秉持批判的態度，尤其是在經濟景氣的時候。當經濟快速增長時，金融市場的風險意識淡薄，往往為金融危機的爆發埋下隱患。

(3) 要具有全面性，即監管者必須持續性地關注金融發展前沿以及可能出現的風險。關注的範圍不僅包括單個機構，也包括整個金融體系。

(4) 要有適應性，即監管者必須處於不斷學習的狀態，能夠快速識別新產品、新市場以及新服務中的潛在風險，並能夠採取有效的風險緩釋措施，如有必要必須及時叫停某項業務。

(5) 要形成決定性的結論，即監管者在做出分析後，必須繼之以行動。

意味著監管者不僅要採取降低風險的措施，更要確保這些舉措被實實在在地執行下去。

總之，未來的全球金融監管將更具前瞻性、超機構性，以及整體性。

（二）中國金融監管創新的時代背景

（1）加強金融監管是防範化解重大風險、實施三大攻堅戰的時代要求。習近平總書記在黨的十九大報告中強調「堅持以『人民為中心』是新時代堅持和發展中國特色社會主義的重要內容，強調要堅決打好防範化解重大風險、精準脫貧、污染防治的攻堅戰。健全金融監管體系，守住不發生系統性金融風險的底線」。2019年2月22日，習近平總書記強調「加強監管協調，堅持宏觀審慎管理和微觀行為監管兩手抓，兩手協調配合」。

（2）強化功能監管，重視行為監管是金融行業發展對監管提出的行業要求。2017年金融工作會議指出，要強化監管，提高防範化解金融風險能力。加快建立完善有利於保護金融消費者權益、有利於增強金融有序競爭、有利於防範金融風險的機制。要堅決整治嚴重干擾金融市場秩序的行為，嚴格規範金融市場交易行為。把主動防範化解系統性金融風險放在更加重要的位置，科學防範、早識別、早預警、早發現、早處置。金融管理部門要努力培育恪盡職守、敢於監管、精於監管、嚴格問責的監管精神，形成有風險沒有及時發現就是失職、發現風險沒有及時提示和處置就是瀆職的嚴肅監管氛圍。2017年中央經濟工作會議強調要保護金融消費者長遠和根本利益。

二、主要概念

（一）行為風險

2011年英國金融服務管理局（Financial Supervision Authority, FSA）首次明確了零售業務的行為風險是金融機構零售業務行為給消費者帶來不良後果的風險，如隱瞞產品信息、銷售誤導/詐欺、個人金融信息洩露、歧視以及不當債務催收等①。

2013年英國金融行為監管局（Financial Conduct Authority, FCA）成立，被評為目前世界上最嚴格的監管機構之一，因而頗得投資者認同。FCA對風險的容忍度比FSA更低，並更傾向於採取預防手段而不是坐視損害發生。並對行為風險的關注從零售業務行為風險擴展到了批發業務行為風險，因為批發市

---

① 孫天琦. 金融業行為風險、行為監管與金融消費者保護 [J]. 金融監管研究，2015 (3)：64-77.

場參與者的行為風險在於其不誠信行為的可傳染性可能損害整個市場的誠信度。此外，批發業務行為風險和零售業務行為風險並非相互孤立，批發市場的行為風險完全有可能傳遞到零售市場，危害整個金融市場的誠信度，最終會影響到零售消費者。

（二）行為監管

行為監管是指監管機構為了保護消費者的安全權、知悉權、選擇權、公平交易權、索賠權、受教育權等各項合法權益，對金融消費者在購買或使用金融消費品過程中的消費行為以及金融機構提供的服務行為實施的動態監管過程。具體的監管措施包括制定公平交易、消費爭端解決、反不正當競爭、弱勢群體保護、廣告行為、反詐欺誤導、個人隱私信息保護、充分信息披露、合同規範、債務催收等規定或指引，要求金融機構必須遵守，並對金融機構保護消費者的總體情況定期組織現場檢查、評估、披露和處置。

（三）金融消費者保護

金融消費者保護是通過監管部門的監管，規範金融機構經營行為，減少消費者在購買任何金融產品和接受相關服務過程中面臨的風險和危害。從內容上看，金融消費者保護是行為監管的一部分，後者外延更寬，既要規範金融機構和自然人之間交易時的行為，也要規範金融機構之間、金融機構與非金融企業之間交易時的行為。2008年金融危機發生之前，全球每年大約新增1.5億金融消費者。快速增長的金融服務需求表明，加強金融監管和金融消費者教育迫在眉睫，這樣才能保護消費者並提高其自我保護能力。倘若金融消費者保護缺位，金融包容性增加所帶來的增長效益可能完全喪失，抑或嚴重削弱。

三、行為監管與金融消費者保護的改革與實踐

2008年次貸危機過後，行為監管與金融消費者保護日益成了後金融危機時代全球金融監管改革的重要內容和發展趨勢，很多國家和組織開始從法律、規則和監管架構上強化消費者金融保護和行為監管。

（一）世界銀行發布的《金融消費者保護的良好經驗》

世界銀行在2017年正式發布的《金融消費者保護的良好經驗》中提出了39條適用於金融消費服務範疇並可促進金融消費者保護的國際原則和共同良好慣例，考慮到了不同國家具體環境和條件的差異，提出了一種實踐方法。在宏觀層面上，其有助於監管機構用來加強金融服務中的消費者保護的方法，有助於政策制定者確定金融業各部門的跨部門消費者的保護問題，從而協助他們設計在金融系統內改善消費者保護的制度；在微觀層面上，良好慣例為金融業

所有部門就金融消費者保護問題提供了一個綜合的診斷工具，能幫助各個金融機構採取綜合的消費者保護措施。主要涉及消費者保護機構、披露和銷售實踐、客戶帳戶處理和維護、隱私和數據保護、爭端解決機制、擔保計劃和破產、金融素養和消費者權利，以及競爭八個方面的內容，並從銀行業、證券業、保險業、非銀行信貸機構等不同金融業務的視角做了更為細緻明確的說明。

（二）世界銀行扶貧諮詢組織（CGAP）發布《在新興市場和發展中經濟體實行消費者保護——對銀行監管者的技術指導意見》

國際金融危機促使各國加大對金融消費者的保護力度，消費者保護和金融穩定在很大程度上是互補的關係已經成為共識。在新興市場和發展中國家，銀行監管者在消費者保護方面有明確的法定授權；低收入的新興市場和發展中經濟體，受到人力財力、法律框架、司法以及替代性爭議解決機制的限制程度比發達經濟體嚴重得多，消費者保護被列入銀行監管者審慎監管責任，也有利於優化資源利用和提高監管效率。該意見給出了消費者保護監管制度的八方面指導原則，在操作層面也強調了一個監管制度通過核心監督工作、補充活動和其他活動的組合來實現監管目標。該意見還特別為資源和能力有限的低收入國家的監管人員提供了一個實施建議的優先排序框架。

（三）世界銀行發布《消費者保護與消費者自身金融素養的全球調查報告》

金融消費者的教育能夠較好地解決金融交易中金融服務提供者和用戶之間存在信息不對稱等摩擦因素的阻礙，保證金融服務供給商提供金融產品和服務的盡責性，增加消費者的信心和減少購買金融產品和服務時的風險，提高效率、透明度、競爭和金融零售市場的機會。金融消費者保護和金融教育政策的作用在於和金融機構及市場的監管相結合，確保金融服務的安全獲取和金融穩定性以及普惠金融目標的達成。

（四）國際復興開發銀行發布《金融消費者保護的制度安排》

強有力的消費者權益保護有助於確保持續增長的金融服務給消費者帶來更多的益處，並且不會對消費者帶來不必要的風險，同時也支持實現金融穩定、誠信和包容性的目標。基於這樣的判斷，國際復興開發銀行評估了不同國家金融消費者制度安排的總體狀況、特徵及利弊，旨在幫助政策制定者和監管者探索適合本國實際情況、並能更好地實現金融包容性發展的金融消費者保護制度。

（五）二十國集團發布《數字普惠金融高級原則（2016）》

依照《數字普惠金融高級原則（2016）》中的原則五「建立盡責的數字

金融措施保護消費者」和原則六「重視消費者數字技術基礎知識和金融知識的普及」的規定,數字金融領域的金融消費者保護和金融消費者教育問題上升到了前所未有的高度。在獲取和持續使用數字金融服務的過程中,健全的消費者和數據保護框架對構建消費者的信任和信心必不可少,尤其是對於那些金融素養不高或承擔損失能力有限的消費者更有必要。

涉及數字金融服務的消費者,尤其是無法獲得金融服務或缺乏金融服務的群體遇到的風險多種多樣,具體包括:作為非審慎監管對象的供應商所保有的消費者資金缺乏安全保障;有關費用、條款和條件的信息披露不全;代理商流動性不足和代理商詐欺;使用具有誤導性的用戶界面增加錯誤交易風險;系統安全性不足;通過數字方式不負責任地提供貸款;系統崩潰、資金無法獲取;不明晰的或限制性的損失追索制度;以及無法維護個人數據保密性和安全性等。同時對金融服務不足群體的歧視也存在重大風險。

(六) 消費者非理性在金融消費者保護中的應用

如果金融消費者保護的制度是在理性假設的前提下進行設計的,即使這種設計符合對消費者進行保護的內在邏輯,消費者保護制度的效率也會因為金融消費者非理性的行為而受到影響。從行為經濟學角度看,即使是完全知情、受法律保護和受過教育的消費者,仍然可能作出次優的甚至有時對消費者的經濟福利有損害的決策。

四、為什麼選擇行為監管及其發展邏輯

(一) 為什麼選擇行為監管

1. 行為監管具有前瞻性特點,有利於早期的金融風險識別與預警

審慎監管對於系統性金融風險的早期識別和干預尚缺乏有效性,行為監管則更具主動性、前瞻性,可以運用介入式監管手段對互聯網金融產品、服務及商業模式進行事前審查,將那些可能引發系統性金融風險的產品特徵、跡象消除在萌芽狀態。

2. 行為監管具有全流程的特點,可以有效彌補針對新金融業態的監管空白

審慎監管強調牌照式准入監管,認為僅管住起點和退出終點即可有效,而互聯網金融的新業態卻早已突破了牌照式准入的限制,無法抑制新金融市場主體盲目的逐利性,甚至在一定程度上加劇了風險的集聚與傳導。因為沒有被監管不但沒有引起市場主體自身對風險應有的重視,反而成了眾多機構用以宣傳的噱頭。行為監管關注全程資金流的安全,可以有效避免監管割裂,降低監管

成本，阻斷系統新金融風險的形成與傳導。

3. 行為監管有助於提升監管專業程度，避免監管套利

新金融業態的發展一部分源於實體經濟實際需求，另一部分則是單純的監管套利。其為了規避監管，引入了更多的市場參與者，最終把增加的成本轉嫁給金融消費者，進而損害其權益，導致系統性金融風險的累積。實施行為監管，無論是企業的融資成本，還是居民的投資收益，都是關注的焦點，可以有效解決金融機構利用自身優勢進行監管套利的問題。

4. 行為監管有助於推動金融創新，提升金融效率

傳統的監管模式出於保護消費者權益或者自身的政治安全性考慮，容易採取叫停、禁止等簡單粗暴的方式，容易限制金融創新的發展。行為監管關注的重點是金融消費者權益保護，對投融資雙方、資金流動全程都有基本的政策標準，可以避免因為金融創新產品的監管權責歸屬不一產生的監管衝突，對於跨市場、跨行業的金融創新產品具有更強的風險判別能力和更強的市場監測手段，因而更有可能採取謹慎觀察而非絕對禁止的監管方式，實現金融監管與金融創新的平衡，從而提升金融效率。

(二) 行為監管的發展邏輯

隨著行為監管的不斷發展與完善，其從理論基礎、法理依據到法規體系建設、監管目標確定以及主要模式選擇，已形成了一套較為嚴謹的邏輯體系。

1. 行為監管的功能化

行為監管的政策制定和規則設計不以金融機構類型為依據，而是更多地圍繞金融產品的基本功能來進行。具體地，行為監管機構或部門可以通過分析產品和服務的實際功能及其實現程度與消費者需求之間的差距來對金融經營行為進行規制，以實現保護金融消費者權益的核心監管目標。這一趨勢有利於提升監管的專業性、抑制監管套利並減少監管真空，實現金融監管與金融創新的平衡。

2. 行為監管的宏觀審慎化

行為監管的有效實施需要考量宏觀審慎監管政策的回應以及與後者的協調配合，有利於抑制市場主體的群體性心理和行為偏差，有利於金融產品系統性風險的早期識別，有利於阻斷系統性風險的形成與傳導。行為監管宏觀審慎化的本質是兩種監管方式的協調配合，尤其是行為監管對宏觀審慎監管的配合，其關鍵是行為監管如何圍繞系統性風險防範這一核心任務對宏觀審慎監管作出積極回應。

3. 行為監管的國際化

行為監管的國際化一方面可以通過國家間金融消費者教育的聯合行動，進

一步提升消費者對金融市場產品和服務的理解力；另一方面可以通過強化對跨國大型金融集團的信息披露要求來保障消費者的知情權。這種趨勢有利於降低金融消費者與金融機構之間的信息不對稱，有利於監管規則對接，減少跨國大型金融機構的監管套利空間和應對監管的成本，有利於降低各國行為監管的難度和金融消費者的維權難度。

第二節　自金融趨勢下中國金融監管現狀

一、自金融風險產生的機理及表現特徵

（一）自金融的本質與風險的內生性

自金融究其本質還是金融，其風險具有必然的內生性。自金融本質上並未改變金融的跨期交易和信用交換的本質，各類風險的承擔主體仍然客觀存在，只是市場對於風險承擔主體的識別更為困難，特別是與金融科技手段相融合時，這種風險更難以分割。

（二）互聯網加劇了自金融交易主體信息不對稱的風險

以互聯網、金融科技為基礎的自金融交易大多存在於虛擬平臺與數字化空間之中，固有的技術門檻和互聯網的虛擬性會加劇交易雙方的信息不對稱。互聯網交易平臺在簡化了信用審批程序，縮短了交易流程的同時，加劇了雙方的信息不對稱程度。其原因有：對於交易雙方而言，簡化了交易程序必然讓渡部分信息獲取度作為成本；對於監管機構而言，想要實現穿透式監管必須突破技術壁壘，使得交易主體的道德風險加重。融資方、尤其是個體的資金融入方，更容易利用信息不對稱來套利，主要表現在：一是通過虛構借款能力，增加自身信用等級，獲得超過自身償還能力的借款；二是通過拆分借款主體發布借款信息，重複借貸，「拆東牆補西牆」。

此外，互聯網、金融科技手段會加重自金融交易的跨期信息不對稱，增加風險發生的概率。金融科技廣泛運用的大數據本身存在跨期的信息不對稱，只能科學地反應過去，無法準確地預知未來。特別是「黑天鵝」或「灰犀牛」事件爆發時，大數據分析容易誤導自金融交易決策與行為。進一步地，很多自金融的投資收益模式都是通過虛假的、畸高的當期收益來引誘投資人投入本金來實現的，從本質而言，是通過跨期信息不對稱使投資人錯把當期的本金當作未來投資的貼現。

（三）長尾效應和肥尾特徵增加了金融風險的負外部性

如前所述，從參與主體角度看，自金融更具滲透力和普惠性。一方面，自金融服務、產品的供給方不再僅僅依靠傳統營業網點來滿足客戶需求，能隨時隨地為客戶提供服務；另一方面，金融企業的分銷模式被重新構建，以在線方式提供各種標準化的金融服務，自金融客戶可以在線比較、選擇金融服務，擴大了選擇範圍和選擇自主權。總之，自金融服務的門檻較之傳統金融大大降低，吸納了大量的長尾客戶，相伴而生的是客戶整體信用等級的下沉。互聯網金融龐大的長尾群體往往不會採取任何風險緩衝措施，小而分散的投資特徵也使得個體投資人沒有監督風險管理的動力。當自金融風險集中爆發時，風險承擔能力最弱的參與者將承受最大的風險衝擊，呈現出肥尾的特徵，使得個體發生風險的概率高於傳統金融形式，即長尾效應更易引發群體性金融事件，大幅增加了金融風險的負外部性。

（四）範圍經濟增加了自金融參與群體的非理性

從經濟學視角分析，金融服務/產品在自金融運作的框架中不斷相互滲透、趨同，各種傳統邊界被逐漸打破，規模經濟式微，而範圍經濟逐漸形成，即企業通過擴大經營範圍，增加產品種類，生產兩種或兩種以上的產品而降低單位成本。金融科技的應用使原本相互競爭的業務條線合併、融合，形成創新的業務模式與產品，既提升了金融服務/產品的質量，也推動了金融與非金融領域的融合，但同時也削弱了金融與非金融原有的風險對沖作用的發揮，加重了非理性行為偏差。對於自金融的參與主體——個體投資者而言，一方面缺乏金融知識，缺少對信息和風險的理性判斷；另一方面，自金融服務/產品的操作界面都帶有明顯的心理暗示和隱藏的社交功能，容易導致使用者形成從眾的羊群效應，進而助長非理性金融行為，使個體非理性升級為群體非理性，加大市場的不穩定性，從而誘發系統性金融風險。

（五）科技化、網絡化增加了自金融風險的傳導性

自金融依託於互聯網、金融科技所進行的金融數據和信息交換，不僅隨著物理網絡建設的擴張而擴大範圍，也會因為網絡物理節點的雙向反饋呈現指數化增長態勢。自金融交易雙方的雙向反饋，也使得自金融服務主體價值取決於服務對象的數量，網絡化的分佈使得風險傳播特性增強。

（六）動態化競爭模式增加了自金融市場的脆弱性

自金融競爭優勢的來源不是服務/產品本身，而是技術、渠道和手段，將其應用於特定的交易場景，從而重構交易模式，但同質性較高是競爭優勢可得性的瓶頸。想要維持競爭優勢只能依據客戶新的需求不斷修正自金融服務/產品的應

用場景，提高用戶體驗和黏性。這就意味著自金融面臨的是極具動態化的競爭場景、更大的市場不確定性。具體地，在探索新的應用場景時必然涉及對傳統的、熟知的交易模式的調整，其效果難以提前預期，調整邊界也難以準確判斷。

二、中國金融監管現狀分析

（一）頂層設計層面

1. 自金融趨勢下地方金融監管架構已具雛形

2017年第五次全國金融工作會議明確了：在金融中央事權的前提下，落實地方金融監管職責，明確地方金融監管的範圍為「7+4」類機構和「兩非」領域。其中7類機構是指小額貸款公司、融資擔保公司、區域性股權市場、典當行、融資租賃公司、商業保理公司、地方資產管理公司；4類機構是指投資公司、農民專業合作社、社會眾籌機構、地方各類交易所；「兩非」領域是指非法金融機構、非法金融業務。

這一頂層設計反應了中央、地方之間基於金融資源配置的動態博弈，地方政府往往通過鼓勵地方金融組織創新爭取配置更多的金融資源。中國互聯網金融自2013年興起，金融科技逐漸成為地方非傳統金融業態組織創新的重要載體，推動了P2P網絡借貸、股權眾籌和區域性金融資產交易中心等多種互聯網金融組織形式的發展，吸引了民間資金，也不可避免地出現了一些金融亂象，如線上非法集資屢禁不止、股權眾籌跑路頻發、區域性金融資產交易中心亂批亂設等，地方金融風險逐漸凸顯，在縱向上向監管相對薄弱的省級以下區域傾斜，在橫向上向「監管競次」形成的監管窪地集聚，增大了地方防範金融風險的壓力，地方儼然成為防控金融風險攻堅戰的重要戰場。

2. 缺少統一的頂層制度安排與分工

較之監管主體相對明確的傳統金融，新金融業態對應的監管主體則相對分散，中央未對地方金融監管的制度安排做出明確分工，導致地方金融監管呈現「碎片化」現象，監管真空與交叉重疊並存。一是阻隔了監管信息傳遞，即承擔地方金融監管職能的部門隸屬於不同的中央部委，從制度上不利於中央與地方順利對接，造成信息阻塞、部門摩擦；二是造成監管標準的不統一，即監管碎片化造成監管規則和標準的不統一，對不同的對象採取不同的監管規定，使各金融業態、各金融機構之間缺乏制度性的整合，割裂了監管功能和目標的實現；三是降低了監管效率，即各中央監管主體之間缺乏監管信息共享機制，信息統計和報送的標準與口徑不一，對於風險在不同機構間的傳導無法建立有效的隔離措施；四是監管缺乏協調，特別是傳統金融業態與新興金融業態之間的

界限日趨模糊,比如融資擔保公司和區域性資產交易中心都利用互聯網金融平臺發售理財類產品、非法吸納資金,在垂直監管體系與屬地監管體系之間缺乏制度性協調的情況下極易導致監管空白。

3. 監管資源非均衡配置導致監管能力不足

中國長期以來對少數大型、系統重要性金融機構的監管投入了大量的監管資源,而對數量眾多、小型分散的地方非傳統金融機構卻疏於監管,甚至無人監管。此種監管資源的非均衡配置導致中國金融監管體系難以與多層次的金融供給相匹配。監管者傾向於發展大型金融機構,而忽視小型、多樣、新型金融機構的發展。較之中央金融監管,地方金融監管往往與自金融的發展更為密切,其在制度安排上,不僅缺少頂層政策設計,而且缺乏合理授權和有效激勵,導致為數不少的非正規金融機構、新型金融機構長期遊離在監管體系之外,成了監管套利的重災區。

(二) 底層實施層面:地方金融監管存在諸多問題

1. 地方金融穩定與金融發展的矛盾導致監管缺位

從目標上看,各地方金融辦既要履行金融監管職責以實現中央政府維護金融穩定的要求,又要制定並貫徹地方金融規劃以配合地方政府的施政目標,二者必然存在一定的內在衝突。由於目前中國對於地方金融監管尚無明確的法律規定或統一要求,地方政府開展金融監管目標往往從自身實際出發,各自為政;金融穩定目標容易服從於地方政府的施政目標,將吸引資本流入、提高融資規模等能夠帶來短期經濟利益的事項作為優先任務,而將防範金融風險、維護金融穩定等職責置於次要地位。地方金融辦通過鼓勵金融創新來謀求金融發展,自金融、金融科技的發展及其在非傳統金融業態中的日益廣泛應用恰恰為其提供了便利,現有的監管各環節連接不夠緊密、容易形成重准入、輕監管的局面,導致其在非傳統金融領域的應用上面臨監管缺位。

2. 屬地監管與全國經營的矛盾導致風險處置責任難以落實

地方金融辦對「7+4」類機構實施屬地監管,負責批准設立與風險處置,但自金融、金融科技擺脫了對傳統金融物理網點的依賴,也就是說,雖然設立在某一地區,但經營範圍卻在全國,所謂地方金融辦對其實施屬地監管其實是未能落實的。互聯網金融收益本地化、風險外部化的特性極易誘發地方政府間的惡性競爭,並降低互聯網金融的准入門檻。屬地監管與全國經營之間的矛盾易誘發地方政府的「監管競次」,使得金融風險的高發區域在一定程度上向省級以下行政單元和監管較為薄弱的互聯網金融領域集聚,地方風險處置的責任難以壓實。

3. 審慎監管與行為監管之間的矛盾弱化了金融消費者的權益保護

審慎監管的目標是保護金融機構的健康發展，行為監管的目標是保護金融消費者和投資者，兩者其實存在一定的內在衝突。一些新興金融機構偏好風險客戶，非理性地追逐高額回報。比如一些小貸機構收取高額利息，增加利潤從而強化自身的資本，其行為從金融機構角度來看是審慎的，但卻嚴重侵害了金融消費者的利益。地方金融辦既負責審慎監管，又負責行為監管，二者矛盾時，有可能從金融機構審慎角度出發忽視對金融消費者的保護。特別是隨著移動支付和互聯網平臺的應用，金融消費者面對的是普及程度更高、範圍更廣、但投資准入門檻卻更低的消費金融產品，因而忽視行為監管將會對金融消費者造成損失並會產生更嚴重的後果。

(三) 配套制度與措施層面

1. 互聯網徵信尚未成為社會信用體系建設的有效補充

解決 7 億多消費者金融服務缺乏或相對不足人群的可得性問題，是中國消費金融發展的當務之急，這與中國當前徵信體系的不完善，尤其是互聯網徵信尚未成為社會信用體系建設的有效補充不無關係。2017 年美國成年人徵信覆蓋率達 95%，瑞典的徵信系統已覆蓋全國 16 歲以上人群。中國徵信體系建設起步雖晚，但也取得了卓越成效，截至 2017 年年底已採集 9.9 億自然人信息，年度查詢量達 17.6 億次，但形成有效徵信記錄的人數為 4.8 億人，占中國成年人總人數的比例不足 40%。從數據上看，中國自然人有效徵信占比與獲得銀行消費金融的人群比例相當。在依賴客戶徵信數據的傳統模式中，沒有徵信記錄的自然人顯然被隔離在了正規金融體系的覆蓋範圍之外。

在互聯網消費金融平臺的記錄尚未完全納入中央徵信系統、中小消費金融平臺信息共享不足的情況下，消費金融中多頭借貸的現象日益突出。有數據顯示，多頭借貸用戶的信貸逾期風險是普通客戶的 3~4 倍，借款申請者每多申請一家機構，其違約概率便會上升 20%。由於徵信體系不完善以及競爭的加劇，不同機構在開展消費金融業務過程中存在對同一客戶多頭授信、過度授信的情況，導致資金供給超過了消費者的真實資金需求，部分消費金融缺乏真實消費場景支持，資金流向不透明，甚至流向高風險領域。

2. 司法執行成本高企

在當前法律尚未對社會失信行為有完整界定的情況下，對互聯網消費金融、金融科技違法行為的法律規制更為困難。當違約出現後，其小額分散的特點與較高的執法成本形成反差，導致債權難以落實，不利於風險的事後處置和社會穩定。

3. 自律機制尚不完善

自律機制是監管空白期的有效約束，也是行政監管之外的市場監管補充。自2013年中國互聯網金融興起並迅速發展以來，相關行業自律發展相對滯後，已成立的自律組織的作用和影響還沒有涵蓋所有的互聯網消費金融業態和模式。民間自發成立的地區性行業自律協會組織較為鬆散，約束力不足，未能形成全行業認可的行為規範和準則，特別是在促進金融機構實現信息披露、強化金融消費者保護中的效果有限，難以構成互聯網金融信息披露和社會徵信規範化的行業基礎。

三、自金融趨勢下金融消費者權益保護的特殊性

根據現有的金融消費者理論，金融消費者的權益包括知情權、受教育權、自由選擇權、隱私權、受服務權、受益權、財產安全權、投訴權、獲得賠償權。以互聯網金融、普惠金融、民主金融等多種形式為代表的自金融的創新發展，較傳統金融需要更為複雜與特殊的消費者保護，具體表現在：

（1）自金融消費者的內涵與外延更難界定。尤其是互聯網金融、普惠金融中新業態、新模式的出現，模糊了投資者、金融消費者、經營者等概念，使「金融消費者」這一定義變得更為複雜。以P2P網絡借貸為例，借款人與出借方，是不是應該都屬於金融消費者？一般來說，個人出借方因作為公眾個人投資者而顯然地被視為金融消費者，而借入方依照銀行個人貸款案例也應算作金融消費者。但如果考慮借款目的，並非為了個人及家庭生活需要，還算不算消費者？因此，在自金融的技術基礎——互聯網的視域下，金融消費者的概念比既有金融消費者理論所確定的概念更加複雜。

（2）自金融趨勢下金融消費者利益更易集團化。由於互聯網公開化、透明化和社交化，自金融消費者面臨著同等合同及信息條件下，金融消費者的利益更容易以集團方式存在。以股權眾籌為例，個人投資人本身可能介入產品的創意、研發、設計等，並通過社交網絡、虛擬社區等的互動，形成一個集團；同一個P2P項目的眾多出借人因其對該項目的共同偏好，加上互聯網金融營銷的特殊性，自然也很容易形成一個虛擬社區。

（3）信息安全及數據所有權等更為複雜。在服務器端，互聯網金融本質上基於電子數據的金融，面臨著黑客攻擊、物理存儲設施損壞等多方面的不安全因素。在客戶端，可能由於釣魚網站、木馬病毒等各方面的原因，導致金融消費者的利益受到損害。與此同時，自金融消費者在搜索瀏覽相關網頁、社區討論等時會產生大量的衍生數據，而這些數據的所有權歸屬問題容易被忽略。

隨著自金融的不斷發展，其產生的金融數據價值日益凸顯，大數據時代個人信息的商業利用和保護之間的這個矛盾將進一步考驗立法者與監管者的智慧。

（4）自金融模式的異化帶來了更為特殊的問題，使金融消費者權益保護更為複雜。仍以 P2P 網絡借貸為例，在平臺提供隱性擔保的異化模式下，借款人與出借人對擔保人都沒有任何選擇的空間，自金融消費者權益面臨著被侵害的風險。

根據《中國人民銀行金融消費者權益保護工作管理辦法（試行）》的定義，金融消費者指在中華人民共和國境內購買、使用金融機構銷售的金融產品或接受金融機構提供的金融服務的自然人[①]。相較於傳統金融，自金融產品覆蓋的人群更具有特殊性：一是金融知識、風險識別和承擔能力相對較弱，容易遭受詐欺、誤導，更容易出現搭便車，甚至集體非理性。一旦自金融產品出現風險，其牽扯人數更多，對社會的負面影響也更大。二是投資金額小且較為分散，投資人個體實施監督的成本甚至高於收益，因而給自金融產品的不法行為提供了空間。因此，非常有必要對自金融領域的消費者加強保護。

第三節　國際經驗借鑑：金融行為監管與消費者權益保護

以互聯網為代表的現代信息技術對金融的發展產生了重大影響，金融消費者購買的商品或服務體現為信息的匯集和傳遞。每個人都可以方便地成為金融市場參與者，自由、充分地投入金融活動之中，實現金融交易行為的市場化；資金和金融產品的供需雙方可以直接交易，市場的信息不對稱程度得到了一定緩解，資源配置效率得到了提高，但同時也給現有的金融監管體制和消費者權益保護帶來新的挑戰。互聯網金融拓展了交易可能性邊界，服務了大量不被傳統金融業覆蓋的人群。與此同時，其暴露出的資金安全隱患、個人隱私易洩露等風險突出了自金融趨勢下金融消費者保護的必要性和急迫性。2008 年金融危機之後，世界各國的金融監管都進行了重大改革，在原有的宏觀審慎監管、微觀審慎監管的基礎上，引入了以金融消費者保護為核心的行為監管，值得我們借鑑學習，去粗取精，以更好地構建符合中國國情的金融監管體制和消費者權益保護框架。

---

① 中國人民銀行，中國人民銀行金融消費者權益保護實施辦法，銀發〔2016〕314 號 [EB/OL]. (2017-07-04). http://www.pbc.gov.cn/jingrxfqy/145720/145728/3338677/index.html.

一、美國

（一）分行業行為監管

1. 對第三方支付的監管

在美國，第三方支付業務的監管權力屬於各州，且因其被視為傳統貨幣業務的網絡延伸，並未制定專門的、獨立的消費者權益保護法律。目前適用於第三方支付業務的法律主要包括《聯邦電子資金轉移法》《統一計算機信息交易法》《統一電子交易法》《全球及全美商務電子簽名法》《電子證券交易法》等。美國對第三方支付業務的監管涉及對保護消費者隱私權和知情權的監管。

（1）對保護消費者隱私權的監管。2009年通過的《美國金融改革法》規定，在沒有經過消費者同意的情況下，第三方支付機構不可以將消費者的個人信息透露給其他任何第三方，若第三方支付機構是金融機構的外包機構，對其數據安全性要求將適用對金融機構數據安全性的要求。

（2）對保護消費者知情權的監管。消費者的知情權取決於第三方支付機構的信息披露程度。第三方支付機構往往占據了信息優勢地位，為了限制其濫用優勢地位損害消費者的合法權益，美國的《聯邦電子資金轉移法》《真實借貸法》、E條例和Z條例針對以借記和信用為基礎的支付體系，從信息披露的時間、內容、錯誤更正程序三方面保護消費者的知情權。

2. P2P網絡借貸平臺監管

美國對P2P網絡借貸平臺的監管由不同的監管部門承擔。其中，證券交易委員會（SEC）負責P2P網絡借貸平臺的准入監管，聯邦貿易委員會（FTC）負責監管P2P網絡平臺及第三方債務催收機構的不公正、欺騙或其他違規行為，消費者金融保護局負責監管P2P平臺的借貸市場，保護金融消費者的權益。其中針對金融消費者的監管包括：

（1）對投資額度的監管。美國各州紛紛出抬措施限制P2P網絡借貸平臺投資者的投資額度以避免其承擔過大的風險。以肯塔基州和俄勒岡州的規定為例，投資人不得將10%以上的淨財富投資於P2P平臺，以確保其有承受一定損失的能力，抑制冒險行為。

（2）對不公平或者詐欺行為的監管。當P2P平臺出現不公平交易或詐欺時，FTC有權對其進行執法，如果平臺直接介入債務催收工作，且利用侵犯個人隱私、威脅、騷擾等方式，產生不良後果的，FTC可以根據《公平債務催收法案》保護消費者；同時，聯邦存款保險公司（FDIC）負責對平臺產生的膚色、年齡、性別等歧視申請人的行為進行監管，確保平臺公平地對待每一個投資者。

3. 對眾籌的監管

美國對眾籌業的監管主要是依據 2012 年 3 月通過的《促進創業企業融資法案》（JOBS 法案），由 SEC 制定及實施。其中針對金融消費者的監管主要包括以下兩個方面：

（1）對投資者投資額度的限制。JOBS 法案規定，年收入或淨資產收入少於 10 萬美元的投資者，每年購買的股份金額不得超過 2,000 美元或其年收入或淨資產的 5%；年收入或淨資產大於等於 10 萬美元的投資者，每年購買股份金額不得超過其年收入或淨資產的 10%。

（2）對眾籌籌資者的規定。JOBS 法案針對籌資者提出四點要求：①要求其在美國證券交易委員會 SEC 完成備案，並向投資人及仲介機構披露規定的信息；②不允許採用廣告來促進發行，以避免不正當的宣傳行為和惡劣競爭；③對籌資者如何補償促銷者作出限制；④籌資者必須向 SEC 和消費者提交關於企業運行和財務情況的年度報告，接受公眾監管。

（二）金融消費者保護

2009 年 12 月美國眾議院通過《多德—弗蘭克華爾街改革和消費者保護法案》，成立消費者金融保護局（CFPB），將原本分散在美聯儲、證券交易委員會、聯邦貿易委員會等機構的監管職權集中到 CFPB，確保消費者在購買抵押貸款、信用卡和其他金融產品時獲得清晰準確的信息，並保護其免遭詐欺行為、隱性收費和濫用條款的損害。CFPB 自成立起，開展了大量的行為監管與金融消費者保護方面的工作，旨在：①幫助金融消費者獲取簡潔清晰的信息，免受不公平及詐欺行為的危害；②幫助建立面向金融消費者的公平、有效及富有創新性的金融服務市場；③提升金融服務者獲取金融服務的能力。

二、英國

2014 年 3 月英國金融市場監管局（FCA）公布了《關於網絡眾籌和通過其他方式發行不易變現證券的監管規則》，因該法案把 P2P 網絡借貸歸類為借貸類眾籌，因此被稱為全球第一部 P2P 法案。其中針對金融消費者的監管主要包括以下三個方面：

（1）投資者及投資額度的監管。投資者必須是經過 FCA 授權機構認證的成熟投資者或高資產投資人（指年收入超過 10 萬英鎊或者淨資產超過 25 萬英鎊，其中不含固定資產如房產等），不成熟投資者（指投資眾籌項目 2 個以下的投資人）的投資額不應超過其淨資產（不含常住房產、養老保險金）的 10%，成熟投資者則不受此限制。

（2）投資冷靜期機制。如果網絡借貸平臺不設立二級轉讓市場，則必須設定 14 天投資冷靜期，在冷靜期內，投資者可以取消任何投資而不受到限制或承擔違約責任。

（3）爭議解決機制。投資者與平臺發生投資糾紛時，可先向平臺提出解決申請，若投訴無法解決，可通過向金融申訴專員投訴解決投資糾紛。

三、日本

與 P2P 平臺監管相關的金融消費者監管主要包括三個方面：①對投資者進行市場准入限制，規定進入平臺的個人投資者最低淨資產不得低於 5,000 萬日元，以確保客戶的風險承受能力，具體執行由行業協會進行實質性審查，地方進行審批；②對貸款利率進行限制，貸款利率不得超過 20%，對於超過部分，法律不予保護，借款人可以不予償還；③控制借款人的借款額度在其償還範圍內，根據規定，借款人的借款總額不得超過年收入的 1/3，一旦超過，平臺就必須停止給予貸款。

與眾籌業監管相關的金融消費者監管主要包括三個方面：小額眾籌的發行總額不超過 1 億日元；單個投資者的投資額度不超過 50 萬日元；當眾籌人數達到 50 人以上時，籌資者必須向財務省提交申報書。

四、金融行為監管與消費者權益保護的國際經驗總結

從上述代表性國家的監管經驗可以看出，國際上對互聯網金融為代表的新金融消費者權益保護主要是通過以下幾個方面來進行的：

（1）明確金融監管機構，發揮專業機構的人力、財力、物力，保護消費者的權益。如美國的消費者金融保護局（CFPB），監管、審查所有向消費者提供金融產品和服務的非銀行金融機構，同時負責消費者金融產品和金融服務相關的法律和監管條例的制定和實施；英國的金融市場監管局（FCA）專門確保消費者在投資消費過程中得到公平合理的對待、保護消費者的隱私及合法權益不受侵犯；日本的金融廳負責第三方支付機構、眾籌業、直銷銀行等多項監管，日本數字資產管理局負責數字貨幣市場監管。

（2）及時調整、完善法律法規體系，保護金融消費者的合法權益。比如，美國 2012 年通過的《促進創業企業融資法案》（JOBS 法案）從防範風險、保護投資人的角度對眾籌融資進行監管；英國 2014 年發布的《關於網絡眾籌和通過其他方式發行不易變現證券的監管規則》對 P2P 網絡借貸從最低資本要求、客戶資金、爭議解決及補償、信息披露、報告等方面作了規定，並對投資

型眾籌規定了投資者限制、投資額度限制、投資諮詢要求等。

（3）注重行為監管和風險管控，著眼於金融消費者權益保護，有效支撐金融監管目標的實現。比如，美國針對不同類型的互聯網金融業務依其性質、功能和潛在影響，確定相應的監管部門及規則。證券交易委員會（SEC）負責P2P網貸平臺的准入監管，要求其在 SEC 註冊證券經紀商資格和證券收益權憑證產品，通過強制信息披露提高 P2P 平臺產品的透明度和標準化程度；聯邦貿易委員會（FTC）則監管 P2P 平臺及第三方債務催收機構的不公正、欺騙或其他違規行為；消費者金融保護局（CFPB）監管 P2P 借貸市場，受理金融消費者投訴，保護金融消費者權益。

（4）明確互聯網金融機構的准入標準和退出機制。互聯網金融等新金融業態拓展了交易可能性邊界，服務了大量不被傳統金融業覆蓋的人群，長尾效應明顯，監管當局只有明確了准入標準和退出機制，才能有效降低對社會的負外部性。比如，美國的第三方支付通常無須申請一般銀行業的業務許可證，但在某些方面必須接受與銀行等金融機構類似的監管，以發放牌照的形式進行管理；英國則要求即使破產的 P2P 平臺也應繼續對已存續的借貸合同進行管理，對貸款管理作出合理安排。

（5）完善信息披露機制，保障消費者知情權，把選擇的權利徹底返還給消費者，創造一個公開透明的金融消費環境。比如，美國證券交易委員會要求，P2P 平臺在註冊登記為經紀人後，其招股說明書、定期季度、年度報告、重大事件報告等必須按上市公司標準進行信息披露；英國頒布了《關於網絡眾籌和通過其他方式發行不易變現證券的監管規制》，要求網絡借貸行業必須用通俗易懂的語言對其商業模式、投資產品的預期收益率、風險、擔保、稅收、實際違約率和預期違約率、平臺處理延遲支付和違約程序等情況向客戶作出準確、無誤導的披露。

（6）保護消費者個人信息安全。互聯網金融虛擬化、網絡化的特點決定了平臺必須有較好的安全性，才能保證交易安全、保證消費者個人信息的安全。如《美國金融改革法》規定，除非經過消費者本人同意，第三方支付機構不得將消費者的個人信息透露給其他任何的第三方，若第三方支付機構是金融機構的外包機構，對其數據安全性要求將適用對金融機構數據安全性的要求。

（7）實施投資者准入和限額投資等風險管控措施，減少投資者不能承擔違約風險的可能性。如英國要求 P2P 平臺投資者必須是經過 FCA 授權機構認證的成熟投資者或高資產投資人，而不成熟投資者的投資額不應超過其淨資產

的10%；美國JOBS法案規定，年收入或淨資產少於10萬美元的投資者，每年購買眾籌股份金額不得超過2萬美元或其年收入或淨資產的5%，年收入或淨資產大於等於10萬美元的投資者，每年購買眾籌股份金額不得超過其年收入或淨資產的10%；日本規定進入P2P平臺的個人投資者淨資產不得低於5,000萬日元，單個投資者對眾籌項目的投資額度不能超過50萬日元等。

（8）建立健全行業自律組織，充分發揮行業自律作用，減少政府對相關市場的干預。比如，英國P2P金融協會覆蓋了全英95%的P2P借貸市場以及大部分票據交易市場，協會制定的章程旨在促使平臺健康運行、操作風險可控、服務透明公正，以及最終提供簡單且低成本的金融服務。

成熟市場國家在互聯網金融等新興金融領域的監管方面累積了較為豐富的經驗，值得我們借鑑和學習，應去粗取精，構建適合中國當前金融發展趨勢的監管體制和消費者權益保護框架。本書囿於篇幅和能力，僅針對自金融趨勢下較為突出的地方金融監管問題展開研究，提出監管沙盒在消費金融領域的應用設想（見表4-1）。

表4-1　美國、英國、日本金融行為監管與消費者權益保護

	美國	英國	日本
監管機構	證券交易委員會（SEC） 消費者金融保護局(CFPB) 聯邦貿易委員會（FTC）	金融服務管理局 金融市場監管局	金融廳 日本數字資產管理局
監管依據	《隱私權法》 《美國金融改革法》 《電子資金轉移法》 《統一電子交易法》 《電子證券交易法》 《多德—弗蘭克法案》 《促進創業企業融資法案》 《公平信用報告法》 《平等信用機會法》	《電子貨幣規則》 《支付服務規則》 《關於網絡眾籌和通過其他方式發行不易變現證券的監管規制》	《資金清算法》 《電子契約法》 《金融商品交易法》 《金融工具和交易法案》 《電子消費協議以及電子承諾通知相關民法特例法律》
監管共同點		限制投資者投資額度 完善的准入退出機制 嚴格的信息披露制度 保護消費者信息安全 保護消費者資金安全	
監管特點	安全程序——第三方支付 功能/行為監管——P2P	投資冷靜期機制 ——P2P	貸款利率限制 ——P2P

第四節　自金融領域監管沙盒體制的構建設想

以互聯網技術、金融科技為驅動力的自金融需要在市場中不斷「試錯」。鼓勵創新的監管機構相應地施行監管「容錯」，允許其冒險和突破部分監管規則。在「有所不為」與「有所為」之間相機抉擇，選取適當的監管工具做好風險防控和消費者權益保護，在法治原則下實現「風險容錯」和「合規容錯」，處理好金融創新與監管之間必然存在著的「創新試錯和風險控制」「法律的穩定性與靈活性」「嚴格執法與靈活執法」[1] 的矛盾。

一、自金融趨勢下消費金融監管原則

即使在沒有監管的情況下，只要存在足夠的商業機會，在殘酷競爭、優勝劣汰之後，通常會成長出繁榮的行業和強大的公司。因此，監管的意義在於降低市場試錯成本、防範系統性風險，並為市場提供有效服務[2]。創新就肯定有失誤和風險，包容失誤、防範風險，堅持底線思維，才能處理好創新、發展、風險與監管之間的關係。

（一）底線監管原則

底線一：因為自金融涉及眾多的普通居民和消費者，其擴張的動能極大、影響面極廣，因此自金融發展的底線之一在於防範其在普通民眾中出現大面積傳染的系統性風險；

底線二：中國居民和家庭的資金槓桿率不高、因而可借助消費信貸優化財務管理、提升消費體驗、促進消費升級，因此自金融發展的底線之二在於不能因為過度競爭而向大量不合格、不適格的消費者進行競爭性或掠奪性放貸，致使其資金槓桿率迅速提升，進而推升金融行業的整體槓桿率。

（二）以信息披露、資金託管、產品業務為核心的微觀審慎監管

關於信息披露，一是建立信息披露、報送和統計制度，所有機構發放的消費貸款均應統一（或逐級）報送至相關監管機構，以便監管機構和社會公眾及時瞭解、把握其發展狀況和風險；二是自金融產品信息的透明化、規範化披

---

[1] 龔浩川. 金融科技創新的容錯監管制度 [J]. 證券法苑，2017（21）：161-190.
[2] 尹麗. 互聯網金融創新與監管 [J]. 學術探索，2014（8）：68-71.

露，監管機構可考慮制定統一的產品信息披露規範。關於資金託管，主要針對無牌照的電商平臺和互聯網金融平臺，為保障作為借款人和投資人的消費者利益、為避免出現平臺跑路的社會問題，資金的銀行託管方式已成為金融平臺發展的標配。關於產品業務，資金用途越明確，就越能反應真實需求，產品業務的風險就越小。因此有必要針對具體的產品業務制定統一的監管制度，而可以不區分開展該產品或業務的機構性質如何。

（三）以消費者保護為核心的行為監管原則

保護消費者的合法權益是自金融長效發展的保護傘，其集中體現在以下幾方面：①加強消費者教育、投資者教育，通過監管機構、政府部門、自律組織、行業組織或第三方機構充分宣傳消費金融知識，加強消費者和投資者教育，引導消費者理性消費、借貸者理性負債、投資者理性投資；②確保借款人、投資人及關聯人的知情權和選擇權；③嚴格禁止勸誘性金融營銷宣傳、嚴格禁止掠奪性放貸；④建立借款人合格性、適格性建議標準，不提倡向不合格、不適格人群發放消費貸款；⑤建立消費者信息保護制度；等等。

二、監管沙盒在自金融領域應用的必要性

（一）什麼是監管沙盒？

「監管沙盒」（Regulatory Sandbox）理念是英國金融行為監管局（FCA）為兼顧金融創新與風險防範平衡發展而率先提出的，之後引起了新加坡、澳大利亞等國家和中國香港地區的關注和效仿。巴塞爾銀行委員會 BCBS（2017）還將監管沙盒界定為：一種受控的測試環境，常常借助於監管機構的自由裁量權實現監管容忍和監管放鬆；有時通過監管機構的自由裁量權來實現監管寬容和緩和，監管機構對測試環境也設置了相應的限制或參數。究其本質，監管沙盒就是一個小範圍先行先試機制。

從英國和新加坡的經驗來看，監管機構會對申請進入沙盒的公司和金融創新進行逐例審查、全程跟蹤，並要求申請者提交完整的消費者保護機制。這種先行先試機制一方面通過全程跟蹤讓監管機構近距離觀察金融創新及其風險；另一方面對申請測試的金融創新適度放鬆制度約束，從而為後續升級完善制度提供鮮活的依據（見表 4-2）。

表 4-2　英國、新加坡、中國香港的監管沙盒實施情況

類別	國家/地區		
	英國	新加坡	香港
推出時間	2016 年 5 月	2016 年 6 月	2016 年 9 月
監管主體	金融行為監管局（FCA）	金融管理局（MAS）	香港金融管理局（HKMA）
測試主體	金融機構、FinTech 企業	FinTech 企業	本地銀行
技術運用	大數據、區塊鏈、人工智能、移動支付、電子交易	人工智能	數字身分識別
測試數量（項）	42（截至 2017 年 10 月）	1（截至 2017 年 10 月）	15（截至 2017 年 10 月）
應用領域	投資管理、支付清算、市場基礎設施、融資	投資管理	市場基礎設施
審核標準	有助於解決金融業面臨的問題；企業具有完善的退出機制；企業具有社會責任感，能夠創造社會價值	有利於消費者和投資者；能夠解決當前重大問題；已經制定測試結束後的市場推廣規劃	具備創新性的產品和服務；對風險有完備的應對措施；受 HKMA 全程監管
業務類型	智能投顧、電子貨幣平臺、軟件平臺、銀行保險等金融機構產品的零售	保險智能投顧	快速支付、虛擬銀行、應用程序編程接口、通過聲音、靜脈識別客戶身分
測試週期	6 個月	具有彈性	視項目情況而定
與現行監管體系的關係	金融創新可能會與現行的監管體系產生矛盾，違反監管規則	受 MAS 的監管	主要從事 HKMA 允許的業務，業務範圍狹窄
退出機制	測試期限滿	期限內無法完成可申請延期	測試範圍超出 HKMA 監管的範圍
監管力度	測試階段適當降低監管要求，對被測試企業給予試錯空間，實行彈性監管，但並不能逃避監管		

（二）中國在自金融領域引入監管沙盒的必要性

1.為自金融領域的金融創新提供安全防火牆

監管沙盒的本質是將風險防控前置化、流程化，在創新性金融產品和服務正式進入市場之前增設一個創新試驗和風險測試的環境：①將新技術的風險與外部市場隔離開來，切斷風險擴散傳導的接口，沙盒內的風險盒內化解；②提前發現創新理念和產品的風險，及時向監管機構匯報，制定相應的風險預案和化解措施。即是說，監管沙盒的機制能有效發現、識別、處置、預警層出不窮的自金融創新可能引發的風險，充當金融風險觀察、測量、緩衝和緩釋的「潤滑劑」。

2. 可以緩解法律的滯後性和部委制度的剛性

監管沙盒作為一個小範圍內先行先試的金融創新監管試驗場所，通過適度放鬆制度約束，可以緩解法律的滯後性和中國各部委制度的剛性。因為法律制度不健全、存在制度空白，創新者無法可依，要麼畏葸不前，要麼大膽冒進。這不管是對社會還是創新者，均存在不小的風險。相反，監管沙盒作為一種小範圍的先行先試機制，讓相關創新在小範圍內實驗，相關法律主體積極實施法律行為，在充分觀察和研究相關法律行為及其後果之後，再有針對性地立法，這無疑是完善法律制度的一種最佳選擇。

3. 監管沙盒與中國地方金融監管的契合度較高

秉承「輕接觸」（Light Touch）的監管沙盒，通過「小範圍真實測試」方式測度創新產品和項目的可行性和風險。從國際上已開展監管沙盒的國家或地區來看，主要集中在幾個大城市，比如英國的倫敦、曼徹斯特、愛丁堡和伯明翰、澳大利亞的悉尼等。一方面，中國幅員遼闊，金融體量較大，尤其是新金融業態的發展呈現出更為顯著的地區差異，因此建立地方性、而非全國性監管沙盒更契合中國金融發展與金融監管的現實；另一方面，各地方政府和金融監督管理局在其相對獨立的轄區內具有監管職能，滿足提供「小範圍真實測試」的條件，各地在金融領域的各類試點探索都為監管沙盒在地方試點奠定了基礎。

因此，將監管沙盒應用到地方金融監管治理方面，對於鼓勵地方金融創新發展和防範化解金融風險，守住不發生系統性金融風險的底線，具有重大意義。一方面，地方監管沙盒試點有利於鼓勵源於底層的地方金融創新，還可以將底層的自金融顛覆力量和風險控制在合理的範圍內，避免風險外溢和交叉傳染；另一方面，監管沙盒有助於優化地方監管資源，提升對地方系統性金融風險的識別判斷和預警能力。

三、自金融趨勢下地方金融監管沙盒機制的構建

（一）中國已有的地方金融監管沙盒探索實踐

中國監管沙盒的地方試驗始於 2016 年年底、2017 年年初，即北京、貴陽、贛州、青島、杭州、海南、深圳等地先後推出了地方層面的以區塊鏈、數字貨幣等為對象的監管沙盒，具體如表 4-3 所示。

表 4-3　中國地方金融監管沙盒探索實踐

時間	省、市	監管沙盒內容
2017 年 6 月	北京市	成立監管沙盒孵化器，18 家金融科技公司、傳統金融機構第一期入選
2017 年 7 月	貴州省貴陽市	推出「區塊鏈 ICO 沙盒」，達成「區塊鏈 ICO 共識」
2017 年 7 月	江西省贛州市	啟動「區塊鏈金融產業沙盒園暨地方新型金融監管沙盒」，發布了《合規區塊鏈指引（2017）》
2018 年 9 月	山東省青島市	籌備「中國區塊鏈沙盒」計劃，包含產業沙盒、保護傘沙盒和監管沙盒
2018 年 10 月	浙江省杭州市	杭州灣產業園暨杭州大灣區區塊鏈產業園成立
2018 年 10 月	海南省	海南自貿區自貿港區塊鏈試驗區正式在海南生態軟件園授牌設立，打造監管沙盒雛形

總體來看，上述各省、市監管沙盒主要集中在區塊鏈、數字貨幣方面，隨著監管對數字貨幣、區塊鏈的嚴監管以及打擊代幣的非法發行，大多數地方的監管沙盒目前都處於停滯狀態。究其原因，主要在於：①各地各自安排設計，較為分散，缺乏統籌規劃；②監管沙盒的主管機構、測試範圍和邊界不明確，導致不能很好地落地試驗；③缺乏明確的風險補償機制和退出機制，一些沙盒中的項目沒有很好控制風險，造成意外中斷；④缺乏消費者保護機制；⑤地方金融監管機構沒有實質意義上參與沙盒的指導、監督和管理，也缺乏對沙盒測試企業的評估反饋，沙盒測試效果不盡如人意。

（二）自金融趨勢下地方金融監管沙盒機制的構建

（1）項目准入機制。要系統性設置和評估地方金融監管沙盒的整個流程標準。監管沙盒為創新項目提供了容錯試錯的土壤，為行業內暫時不被許可或沒有牌照的業務提供了「觀察期」，允許它們進入沙盒中接受協會和社會公眾等多方的觀察和監督。地方的監管沙盒本身具備地方明確的管轄邊界，並且在這個邊界內還可以設定更小範圍的邊界（縣、鎮、產業園等），在此基礎上將地方的金融科技創新或金融科技業務納入沙盒。

（2）運行管理機制。項目設計者和監管部門、創新中心之間要進行積極有效的互動，監管部門可以賦予一些有限的授權，如一些免強制執行令和強制豁免等。具體地，應明確地方金融監管沙盒的範圍和測試邊界，提前告知已預見的漏洞和風險；將監管沙盒有機融入地方金融監管體制供給側改革，加強與

監管當局的連接，促進「中央—地方」雙層監管體系的健全完善。

（3）健全地方監管沙盒工具機制。落地於地方的監管沙盒，可以大致分為兩部分，即政策層面的工具和產業層面的工具。政策層面的試點包括運用政策工具為監管沙盒和其中的測試項目提供依據和保障，必要時還可以提供政策豁免、協調和沙盒測試方案定制等工具，形成政策包、政策池。

（4）消費者保護機制。地方監管沙盒在測試前，首先要遴選合格消費者，選取符合測試條件的、有一定風險負擔能力並自願參與的消費者。其次，在相關權利保護上，主要保護參與沙盒測試消費者的知情權、自主選擇權、收益權、求償權、隱私權等應有的權利[①]。同時在交易、註冊登記過程中獲取的消費者數據，測試企業應合理使用，避免數據被盜、違規洩露、數據濫用和過度使用等。為應對糾紛的產生，地方監管沙盒應預先建立消費者糾紛解決機制，暢通消費者投訴渠道，建立完備的風險準備金和賠償救濟制度，保證沙盒測試者有承擔消費者損失的能力。

（5）政策協調機制。一方面，地方金融監管局應積極與「一行兩會」聯絡，爭取優惠或寬鬆的政策，形成明確的政策邊界；另一方面，地方金融監督管理局在管轄範圍內，應努力協調與金融科技測試企業和項目有關的部門，例如工商、稅收、公安等，來保障沙盒內測試企業的安全性。此外，地方金融監管也可與各類消費金融相關的科技公司合作，搭建監管沙盒的技術平臺，包括底層技術設施的合作和平臺技術包、產品包的輸出。

（6）項目退出機制。項目退出機制主要涉及項目退出次序和步驟、參與主體以及如何穩步落實到市場應用中。

---

① 黃震，張夏明. 監管沙盒的國際探索進展與中國引進優化研究 [J]. 金融監管研究，2018（4）：21-39.

第五章 自金融趨勢下消費者金融教育、金融素養與消費者金融行為[①]

一、理論研究：消費者金融教育、金融素養與金融行為的關係

（一）相關概念

1. 消費者金融教育

最早關於消費者金融教育的研究是 Langrehr（1979）通過對美國中學生消費教育的調查，發現金融教育對金融能力的提升有積極影響。從 20 世紀 90 年代開始，由於美國退休社保系統危機引發了消費者金融教育的盛行，並逐漸受到各國學者、社區組織、政府機構的關注。美國的消費者金融教育形式則主要包括中學和大學開設正規的個人金融課程，以及利用互聯網平臺的非正規消費金融課程。

2. 消費者金融素養

金融素養（financial literacy）是近年來被關注的關於個人處理複雜金融信息能力的指標，具體是指個人獲取經濟金融信息，並據此進行財務規劃、按期歸還債務、提前規劃退休儲蓄、累積財富的能力（Lusardi, 2009；朱濤等，2013、2014、2015；尹志超等，2014），既包含了有側重應用的金融能力（financial capability, Johnson & Sherraden, 2007），又強調了金融福祉（Vitt, 2000）。金融素養是避免做出錯誤金融決策的能力，具有人力資本的特徵，能獲得產出效應（Calvet、Campbell 和 Sodini, 2009）。

[①] 尹麗. 自金融背景下消費者金融教育的理論、現狀及建議 [J]. 武漢金融, 2018 (6): 36-40.

3. 消費者金融行為

廣義上，消費者金融行為是消費行為的一種，因此任何與金融管理有關的人類行為均可定義為消費者金融行為（Xiao，2008）。美國財政部專家組（2010）將消費者金融行為界定為收入行為、開支行為、借貸行為、存儲行為和保護行為；Dew、Xiao（2011）則認為消費者金融行為涵蓋現金管理、借貸管理、儲蓄和投資以及保險管理。

（二）消費者金融教育、金融素養、金融行為之間的關係

1. 消費者金融教育與金融素養

阿馬蒂亞·森（2002）認為「教育越普及，就越有可能使那些本來會是窮人的人得到更好的機會去克服貧困」。金融素養程度普遍低下的事實引起了理論界的重視，Ardic、Ibramhim 和 Mylenko（2011）認為對受教育程度低下、低收入水準人群進行金融教育有助於提高其自身的金融素養，以及識別金融產品的能力；張繼紅（2013）認為金融產品的風險屬性要求金融消費者必須有意識地提高自身的知識水準，消費金融教育是防範和化解金融風險的重要措施。但也有學者認為金融教育在提高金融認知的效率方面是存疑的（Lyons 等，2006）。

2. 消費者金融素養與金融行為

學術界較為一致地認為兩者相關性顯著。具代表性的觀點有，金融素養高的投資者能更好地駕馭複雜的金融工具、更有效地規避金融風險，金融素養更高的個人風險承受能力也更強（Benjamin 等，2006）；金融素養高的家庭、個人能更合理地配置金融資產、管理負債，會更積極地參與金融市場、更主動地持有多樣化資產（Kimball、Shumway，2010），能從更長遠、更綜合地決定當前的消費和儲蓄，使自身經濟狀況保持相對穩定；也更熟悉借貸條款，更有能力選擇合適的信貸產品（Gathergood，2011），發生信貸違約或拖欠的概率也更小（Gerardi、Goetter、Meier，2010）。消費者金融素養在國家金融穩定中有著重要作用，美國總統金融素養諮詢委員會（PACFL）（2008）認為消費者缺乏金融素養是誘發 2008 年次貸危機的根本原因之一。

3. 負責任的金融行為

負責任的金融行為的目標，首要的是提高個人金融福祉。有著負責任金融行為的人出現財務問題（如問題債務）的可能性較小，並且發生焦慮、抑鬱等健康問題的可能性也較小。在較為理想的情況下，負責任的金融行為以量身定制的理財計劃為基礎，用以實現生活目標，以及在人生階段中不斷優化收入

和支出。或者將其廣泛地定義①為——基於教育與工作、工作與休閒、有房或租房、消費或儲蓄，以及金融資產之間的權衡，最大化生命效用。負責任的金融行為是基於人生規劃和理財規劃的組合（見圖5-1）。

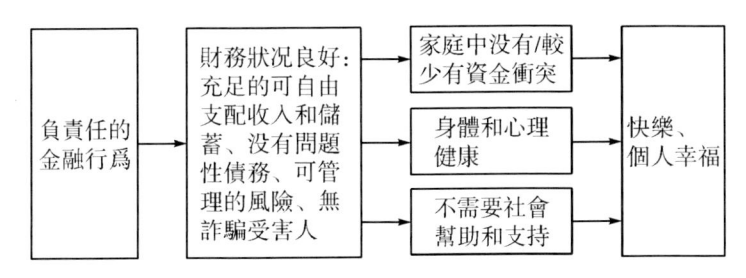

圖5-1 負責任金融行為的影響與後果

顯然地，金融教育提升金融素養，並且影響金融行為。很多研究表示②，金融素養對不同類型的金融行為有很強的影響（見圖5-2）。

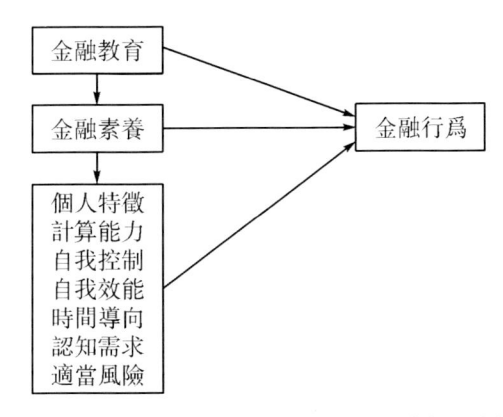

圖5-2 金融教育、金融新素養、個人特徵與金融行為

綜上，消費者金融行為是消費者行為的重要構成部分，負責任的、理性的、可持續的金融行為有助於提高消費者及其家庭經濟的安全性。而負責任的、理性的、可持續的消費金融行為源自相應的金融素養，即有相應的金融知識儲備、有相應的金融能力訓練，顯然離不開針對消費者的多層次金融教育。

---

① W.弗萊德，範·拉伊.金融消費者如何購買［M］.吳明子，譯.北京：華夏出版社，2019.

② W.弗萊德，範·拉伊.金融消費者如何購買［M］.吳明子，譯.北京：華夏出版社，2019.

二、自金融背景下消費者金融教育的重要性

（一）消費者金融教育是自金融背景下降低金融監管成本、實施金融消費者保護的最有效路徑。

依照金融監管「雙峰」理論，金融監管應秉承「審慎管理」和「金融消費者保護」兩個目標並行。而自由化的自金融環境下，一方面自金融業態創新多變、參與主體多元導致金融審慎監管成本高企；另一方面，良莠不齊、魚龍混雜的自金融參與機構在利益驅使下利用政策和法律的漏洞侵害金融消費者權益的行為屢見不鮮。因此，自金融背景下的金融監管目標更為迫切地表現為金融消費者保護。美聯儲甚至認為，最明智的金融消費者保護措施就是對金融消費者進行金融知識教育。

進一步地，自金融降低了金融參與門檻，其參與主體是日趨平民化、大眾化和普泛化的金融消費者，其較之傳統金融消費者整體受教育程度和收入水準均更低，其金融素養，即掌握的金融知識水準和金融技能亦更為低下，易出現大規模的非理性金融消費，並可能危及國家的金融安全與穩定。通過消費者金融教育提升其金融素養，使自金融時代的社會大眾習慣並適應行為自律、風險自擔、自我保護的良性金融氛圍，才能有效地保護金融消費者的權益，預防金融市場系統性風險的發生。

（二）創新是自金融的常態，常態化、持續化的金融教育能有效保障消費者的金融知情權。

自金融是互聯網的自由人格、創新人格與金融結合的新興事物，包括第三方支付、P2P網絡借貸、眾籌、互聯網理財、互聯網消費信貸等在內的各細分業態都悉數經歷了產品創新、平臺創新以及模式創新。其創新的常態化、持續化增加了自金融產品的複雜性，決定了金融消費者僅在發生金融消費行為前對金融產品和服務進行短時間的瞭解是不夠的，因此金融消費者有必要、也有權利得到較長時間的、可持續的金融教育，才能基於充分的金融知情權作出正確的自金融交易選擇。消費者教育對於中國這樣一個新興經濟體而言尤為重要，自金融促成了新興的、多層次的金融消費者群體的形成，如對新穎的金融產品聞所未聞，就更談不上合理地選擇和使用。

三、中國自金融背景下消費者金融教育的現狀

近年來中國消費者金融教育問題得到了監管層的重視，但尚屬初期，有必要結合自金融發展的新形勢，分析中國消費者金融教育的現狀，才能提升中國

消費者金融教育的效果，進而預防性地實現對金融消費者的保護。

（一）已將消費者金融教育提升到戰略高度，並與國際接軌，但缺乏統一的消費者金融教育體制

隨著消費金融市場的興起與繁榮，基於對消費者預防性保護的消費者金融教育日益得到監管層的重視，中國人民銀行會同銀監會、證監會、保監會於2013年制定了《中國金融教育國家戰略》，並提交G20。但中國尚未建立專門的金融教育部門，「一行三會」也均未專設金融教育部門，僅有中國銀行業協會制定了《銀行業公眾教育工作方案》，三個部門也缺乏聯動運作機制，致使與消費者金融行為直接相關的銀行、證券、保險等金融教育處於分散狀態，消費者得到的金融交易也是短期的、非系統性的。此外，缺乏系統的消費者金融教育相關法律、金融教育體制的滯後與自金融興起引致的對金融知識、金融教育需求的急速膨脹形成了矛盾。

（二）消費者金融教育不平衡矛盾突出

中國消費者金融教育起步較晚，加上金融消費者基數龐大，其必然是長期而艱鉅的，目前較為突出的是消費者金融教育不平衡的矛盾：①「二元結構」決定了教育資源在城鎮與農村、東西部、大城市與中小城市之間存在較大差距，使中國消費者金融知識水準在城鄉間和區域間具有一定的不平衡特徵[1]，致使金融詐欺、高利貸、非法集資等損害消費者金融利益的事件也較多地發生在農村、中西部地區以及中小城市。②同一區域內參與金融交易的消費者因受教育水準、職業差異、收入水準、年齡階段等的不同而受到程度不同的金融教育、具有不同的金融素養，且對消費金融知識的需求亦有較大差異[2]，決定了其金融素養未來提升空間的差異。③中國既有的消費者金融教育存在重專業、輕普及的問題，即主要是針對金融相關專業的大學生、金融從業人員開展成體系、規範化的專業教育，而對普通消費者，尤其是低淨值、低收入、處於弱勢的社會大眾的金融知識普及性教育相對缺乏。

（三）消費者金融教育手段單一，互動性缺乏，致使民眾接受金融教育的積極性不高

中國目前開展消費者金融教育仍主要通過金融知識宣傳教育項目、專題演講、金融知識競賽、出版刊物和宣傳手冊等傳統金融教育手段，對互聯網資源

---

[1] 中國人民銀行金融消費權益保護局. 消費者金融素養調查分析報告（2017）[EB/OL].（2017-07-24）http://www.pbc.gov.cn/jingrxfqy/145720/145735/3349610/index.html.

[2] 中國人民銀行金融消費權益保護局. 消費者金融素養調查分析報告（2017）[EB/OL].（2017-07-24）http://www.pbc.gov.cn/jingrxfqy/145720/145735/3349610/index.html.

的利用不充分，僅表現為「一行三會」分別開設了金融教育官方網頁。在金融教育網頁上的教育資料形式上也以文字類信息為主，缺少影音資料和網絡互動節目，顯然無法激發低收入、低學歷、自主學習能力較弱的社會大眾接受金融教育的積極性，不利於金融教育受惠人群的拓展。

（四）缺乏消費者金融教育評估體系

消費者金融教育的目的旨在通過普及金融知識，增強消費者的金融風險意識、理財意識以及信用意識，提升其金融素養，改善其金融行為，最終促進其消費福祉和經濟狀況的改善，使其在金融民主化進程中受益。即是說，實效性是消費者金融教育的根本。然而，目前尚未建立科學、全面、標準化的消費者金融教育評估體系，對所開展的金融教育的效果評價僅強調「重量不重質」的簡單數據。比如消費者金融教育宣傳手冊的發放數量、組織講座的場次、受眾人數等，而對社會大眾的接受程度、認知水準以及受教育前後金融行為的改變情況等，還缺少全面有效的調研，致使在消費者金融教育中缺少標準、完成後缺少評價和反饋，進而很難持續改進和完善。

（五）香港金融管理局對金融服務消費者的教育

香港金融管理局（HKMA）認為「客戶的信心及信任是支持銀行業持續發展的重要支柱，而銀行業的持續發展將有助促進銀行體系的穩定」[1]，因而將保障金融服務消費者工作視為其穩定銀行體系職能的一部分。香港金管局對金融服務消費者的教育主要包括兩個層次：

一是推出了消費者教育推廣計劃，教導市民如何精明、負責任地使用銀行產品及服務。通過電視節目、教育短劇、教育短片、動畫、全港通識理財問答比賽、金管局「智醒」銀行客戶 FUN 享日、公開教育講座、專題文章及漫畫、刊物等多維度、多渠道地向市民傳遞包括儲值支付工具、使用網上銀行的主要安保提示、使用櫃員機的主要安保提示、信用卡及其退款保障、負責人借貸以及私人貸款等主題的消費者金融教育訊息。二是金管局與香港銀行公會、消費者委員會、投資者教育中心及教育局緊密合作，共同提升香港市民的金融知識水準。特別地，香港金融管理局向社會公眾開放參觀，並安排專業人員定時向公眾「導遊」講解香港金融歷史、金融危機等金融資訊，以交互式游戲形式向小朋友傳遞金融知識的效果甚佳。

四、國際經驗借鑑

OECD 自 2003 年起啟動國際性金融教育項目，於 2005 年發布了開展金融

---

[1] 摘自香港金融管理局官網 http://www.hkma.gov.hk．

教育、普及基本金融知識的實踐指南。大部分國家在 2008 年次貸危機之後高度重視消費者金融教育問題，歐美發達國家和地區更是從上至下、社會金融機構、社區、家庭協力合作，建立了較完善的金融消費者教育體系，有著充裕的資金支持和濃厚的金融氛圍，使公民具備較高的金融素養。

（一）美國

2003 年頒布的《公平交易與信用核准法案》首次提出「金融掃盲與教育促進條例」，將金融教育正式納入美國法律體系，並在次貸危機之後受到前所未有的重視。2010 年成立的消費者金融保護局，專司消費者金融知識教育，為提高美國民眾的金融素養、預防金融市場的系統性風險建立了較為系統的金融教育體系。

具體體現在：①在消費者金融保護局下設金融教育辦公室，負責制訂提升民眾金融素養和認知能力的具體計劃，加強消費者對金融產品的辨別能力；②由美國銀行聯合會等行業組織在全美國各社區開展金融教育，為金融消費者提供差異化理財方案，幫助其更理性地做出金融投資選擇；③消費者金融保護局內下設社會事務、軍人事務、老年人金融保護辦公室，針對特殊人群開展金融教育工作。表 5-1 為美聯儲近年來針對不同人群開設的金融教育項目。

表 5-1　美聯儲近年來針對不同人群開設的金融教育項目

教育對象	項目名稱	教育內容
小學生	It's all about your money.	貨幣知識基礎、個人理財等
中學生、大學生	Foundation of Finance	根據不同學校、不同學生設計的教學內容，包括貨幣政策、基於生命週期的財務計劃等
教師人員	Money and Banking for Education	為教師提供為期五天的包括金融知識、財務管理在內的免費訓練課程
新聞媒體人員	Supply, Demand and Deadlines	開展包括案例研究、金融理論在內的學習活動
企業雇員	The Workplace Financial Education Program	開辦包括個人理財、債務及退休等個人金融知識在內的諮詢研討會
中低收入人群	Individual Development Account Initiatives	關於日常生活儲備與支出的教育

（二）英國

英國的金融監管層先於其他國家意識到金融消費者保護的重要性，其金融消費者教育體系也成為世界各國學習的範本。英國的金融教育在次貸危機之前已形成較為完善的三級教育框架，即政府部門主導金融知識推廣教育、行業協會與專門教育機構推行金融知識宣傳與教育、各類金融機構負責金融信息與知識的教育活動。

次貸危機之後英國金融服務局依法設立「消費者金融教育局」，負責統一制訂、實施金融消費者教育計劃，消費者金融教育的高度集中有效降低了教育難度與成本，使金融知識普及程度顯著提升。其除常規金融知識普及，還包括了理財指導服務計劃和金融服務賠償計劃的教育板塊；消費者金融教育局以網站形式快捷簡易地將信息與知識傳遞給金融消費者；依照 2013 年《國民教育大綱》，明確將金融知識納入中學生必修課程體系當中；其每年在金融消費教育方面的投入充足，高達 2,000 萬英鎊。

（三）日本

日本金融界和理論界在 1997 年東南亞金融危機之後呼籲對金融消費者保護和教育的重視問題。21 世紀以來，鑒於老齡化、儲蓄率過高等現象，日本當局積極推行了旨在加強投資力度和提高民眾理財積極性的金融消費者教育。具體分為日本政府主導、行業協會組織和其他非營利組織等多個層面，即由日本內閣 2005 年將金融消費者教育納入日本金融改革的重要組成部分，開展經濟教育高級峰會，負責日本國民的普及金融教育；日本書部科學省在次貸危機後將金融素養教育納入中學生課程體系之中；以證券業、投資類協會為代表開展旨在提升民眾投資證券產品積極性的金融素養教育活動。

（四）經驗借鑒

綜合美國、英國、日本等國的消費者金融實踐，總結經驗如下：

（1）政府主導下的消費者金融教育。發達國家和先進地區均高度重視金融教育，將消費者金融教育與金融消費者保護緊密結合，在負責金融消費者保護的政府機構下專設金融教育部門，統一制定、實施金融教育政策措施。

（2）兼顧教育對象的廣泛性與針對性。一方面，發達國家的金融教育既針對已與金融機構發生金融交易的投資者和消費者，也針對潛在的所有金融產品消費者，即最廣義的普及性金融教育；另一方面，選擇不同的社會人群有針對性地推進金融教育項目，其中有代表性的是金融素養較低的小學生、青少年、老年人和中低收入人群。

（3）注重拓寬消費者金融教育的渠道。金融素養較低的人群一般在學歷、

知識水準等方面也較為欠缺，單一的文字類、理論講授形式的教育渠道效果不盡如人意。因此發達國家均利用多種途徑開展消費者金融教育，尤其注重影音資料的拍攝與發放，以及基於互聯網的互動式學習。

五、自金融背景下構建多層次消費者金融教育體系的建議

（一）完善消費者金融教育的組織體系

（1）建議在《中國金融教育國家戰略（2013）》指導下結合中國自金融發展現狀前瞻性地盡快制定專門的金融消費者保護法律，為金融消費者保護和消費者金融教育提供權威性的制度保障。

（2）明確統一的消費者金融教育主導機構。目前「一行兩會」各自為政的格局易導致消費者金融教育工作的重複交叉和真空並存，致使金融教育工作效率大為降低。明確統一的消費者金融教育機構，制定統一的教育章程，開展面向全民的、長效的消費者金融教育，才能確保金融教育工作的成效。

（二）完善多層次消費者金融教育的實施體系

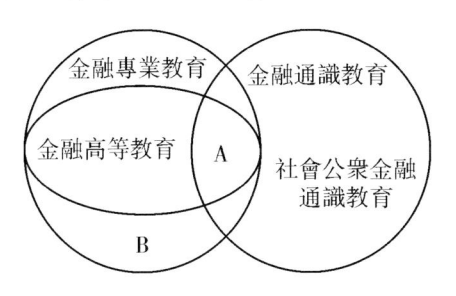

圖 5-3 金融教育的分類構成圖

在圖 5-3 中，A 指針對高校非金融專業學生的通識教育；B 指金融行業/從業專業人員教育。

1. 明確消費者金融教育的內容體系：普及教育和專業教育

中國消費者金融的專業教育主要針對金融相關專業的大學生和金融從業人員，已較為規範，其中金融專業大學生的金融教育在本書不做闡釋。針對金融從業人員的繼續教育，筆者建議可根據自金融發展的新趨勢、新熱點以「第三方支付」「P2P 網絡借貸平臺」「眾籌」「共享金融」「網絡信用」「互聯網金融」等模塊形式植入，以滿足消費者金融繼續教育的時效性和應用性要求。

消費者金融的全民普及教育的內容應明確為消費金融行為之前的金融基礎知識學習和消費金融行為之後合法權益維護兩個階段，具體包括如下內容：①貨幣、金融和理財的基礎知識；②貨幣和金融的基本法規和政策；③常見的

金融交易應急處理相關知識；④消費者金融案例警示及風險教育；⑤消費者金融糾紛與訴訟案件的處理流程。

2. 拓展消費者金融教育的手段和渠道

消費者金融教育宜順應自金融時代特徵，針對中國消費者金融教育手段單一的現狀，廣泛利用各種教育工具，在全民消費者金融普及教育過程中加大對以電視為代表的傳統媒體和以微信為代表的自媒體的利用，拍攝形式簡單有趣、內容通俗易懂的影音宣傳資料，吸引民眾觀看、主動接受金融基礎知識；針對分行業、分領域的金融教育可以採取開設專欄、消費者金融知識競賽、互聯網互動式知識網站等方式有針對性地提升受眾的參與積極性，進而有效提高教育效果；鼓勵消費者金融的相關行業協會舉辦講座、諮詢會等，直接向消費者傳播金融理財相關知識，擴大金融教育的影響面。

3. 針對重點人群，明確差異化的消費者金融教育實施路徑

消費的代際差別、消費者的金融素養差異都決定了消費者金融教育應採取差異化的實施路徑，筆者認為應側重對金融素養水準較低、處於金融弱勢地位的消費者開展金融普及教育，在此以農村金融消費者和老年人為例說明。

（1）農村地區的消費者金融教育。除了前述的消費者金融教育的常規手段和渠道，另外，其一方面可依託不斷擴張的農村金融機構網點定期定點開展相關教育活動，使其成為向農戶提供金融產品和政策信息的權威節點，有效推動農村消費金融市場的健康發展；另一方面，針對經濟欠發達地區的偏遠農村金融消費者可選派下鄉、進村、甚至到戶的農村金融知識普及志願服務隊，編寫適合農民知識水準的圖文並茂、通俗易懂的農村金融知識讀物，教育內容主要是儲蓄、開戶、理財、貸款等金融基礎性知識，有針對性地對農村消費者開展金融普及教育。

（2）老年人的消費者金融教育。老年人作為金融消費的特殊群體，有投資理財、增加財產性收入的客觀需求，但由於其金融知識相對匱乏、對新事物認知能力不足、金融素養相對較低，極易在不瞭解產品及其風險的情況下盲目購買與其風險承擔能力不相適應的投資理財產品，甚至會遭遇金融詐騙。針對老年群體的金融普及教育，除了前述的消費者金融教育常規手段和渠道，另外，其一方面可以以社區居委會、小區等為單位定期開展老年人金融知識普及教育的公益行動，具體可涵蓋反假幣知識、儲蓄理財指導、保險基金理財指導、股票投資指導、民間融資指導、防範金融騙局指導、投訴維權指導等，特別要針對老年人關心的退休儲蓄產品開展金融宣傳；另一方面可利用老年大學這一載體，開展較為規範和系統的金融教育課程，普及金融常識。

（三）構建消費者金融教育的有效性評估體系

消費者金融教育是全民的長期教育，需要耗費大量的公共資源，評估其教育的效果有助於教育方式和內容的改進，及時的量化評估能讓消費者相信金融教育的重要性，才能持續地提升金融教育的有效性。建議針對不同的金融消費者群體設計金融教育有效性評估體系，研究適合中國自金融發展的金融教育評估指標，定期或不定期分析其金融教育的有效性。

以大學生校園普及性金融教育為例：①確定數據收集範圍，將參加的學生作為調查對象，分別在教育前、教育後進行問卷調查、知識競賽等瞭解學生在金融服務行為和財務狀況等方面的變化；②設計評估指標，主要包括大學生金融知識掌握程度變化、金融消費決策與行為的變化兩大一級指標；③明確調查評估手段，針對金融知識掌握情況的評估，可採用在線測試的形式；④可在傳統調查問卷的基礎上充分利用互聯網發放問卷，被調查者可通過電腦或手機直接提交，提高調查效率。

參考文獻

一、英文部分

[1] ORDANINI A, MICELI L, PIZZETTI M. Crowd-funding: Transforming customers into investors through innovative service platforms. [J]. Journal of Service Management, 2011, 22 (4).

[2] SHERMAN A J, BRUNSDALE S. The Jobs Act: Its Impact on M&A [J]. Journal of Corporate Accounting & Finance, 2013 (24).

[3] BESLEY, T. AND COATE, S., 1991,「Group Lending, Repayment Incentives and Social Collateral」. RPDS Discussion Paper 152, Woodrow Wilson School, Princeton University, Princeton, N. J. Processsed.

[4] DUONG, P., B., AND IZUMIDA, Y., 2002,「Rural Development Finance in Vietnam: a Microeconometric Analysis of Household Surveys」, World Development, Vol. 30, No. 2: 319-335.

[5] LANGREHR F W. Consumer Education: Does It Change Students』Competencies and Attitudes [J]. Journal of Consumer Affairs, 1979, 13 (1).

[6] PENG T M, BARTHOLOMAE S, FOX J J, CRAVENER G. The Impact of Personal Finance Education [45] Delivered in High School and College Courses [J]. Journal of Family & Economic, 2007, 28.

[7] LUSARDI ANNAMARIA, OLIVIA S. MITCHELL. How Ordinary Consumers Make Complex Economic Decisions: Financial Literacy and Retirement Readiness. NBER Working Paper 15350, 2009.

[8] LYONS A, LANCE P, KORALALAGE J, ERIK S. Are We Making the Grade? A National Overview of Financial Education and Program Evaluation [J]. The Journal of Consumer Affairs, 2006, 40 (Winter).

二、中文部分

[1] 謝平，鄒傳偉. 互聯網金融模式研究 [J]. 金融研究，2012（12）：11-22.

[2] 羅明雄，司曉，周世平. 互聯網金融藍皮書（2014）[M]. 北京：電子工業出版社，2015.

[3] 傑夫·豪. 眾包 [M]. 牛文靜，譯. 北京：中信出版社，2009.

[4] 尹麗. 中國普惠金融發展研究綜述 [J]. 現代經濟信息，2015（21）：299-300.

[5] 李紅坤. 互聯網金融對中國宏觀經濟的衝擊效應及應對策略研究 [J]. 山東財經大學學報，2015（4）：15-23.

[6] 羅伯特·席勒. 金融與好的社會 [M]. 束宇，譯. 北京：中信出版社，2012.

[7] 吳衛星，譚浩. 夾心層家庭結構和家庭資產選擇——基於城鎮家庭微觀數據的實證研究 [J]. 北京工商大學學報（社會科學版），2017（3）：1-12.

[8] 張延良. 金融自由化理論演進分析 [J]. 經濟論壇，2004（20）：98-99.

[9] 尹麗. 自金融背景下消費者金融教育的理論、現狀及建議 [J]. 武漢金融，2018（6）：36-40.

[10] 王念，戴冠，王海軍. 互聯網金融對現代金融仲介理論的挑戰——兼論對金融民主化的影響 [J]. 產業經濟評論，2016（1）：71-77.

[11] 國家金融與發展實驗室. 2019 中國消費金融發展報告 [EB/OL]. http://www.nifd.cn/Uploads/SeriesReport/667ce548-6606-4055-a395-370c30845f29.pdf.

[12] 安聖慧. 消費者行為學 [M]. 北京：對外經濟貿易大學出版社，2011.

[13] 富達國際與螞蟻財富. 中國養老前景調查報告（2018）[EB/OL]. http://www.fidelity.com.cn/zh-cn/market-insights/china-retirement-readiness-survey-2019-full-report/.

[14] 蘇寧金融研究院. 「90 後」消費趨勢研究報告 [EB/OL].（2019-10-16）. https://sif.suning.com/article/detail/1571189150961.

[15] 中華人民共和國銀行保險監督管理委員會，中國人民銀行. 中國普惠金融發展報告（2019）[EB/OL].（2019-10-12）. http://www.gov.cn/xinwen/2019-09/30/content_5435247.htm.

[16] W. 弗萊德, 範·拉伊. 金融消費者如何購買 [M]. 吳明子, 譯. 北京: 華夏出版社, 2019.

[17] 周曉春. 大學生金融風險與社會工作介入研究 [J]. 中國社會工作, 2018 (31): 23-24.

[18] 刁孝華, 尹麗. 農戶借貸行為研究綜述 [J]. 經營管理者, 2014 (19): 30.

[19] 西奧多·W. 舒爾茨. 改造傳統農業 [M]. 梁小民, 譯. 北京: 商務印書館, 1987.

[20] 詹姆斯·C. 斯科特. 農民的道義經濟學 [M]. 程立顯, 等譯. 南京: 譯林出版社, 2001.

[21] 張軍. 改革後中國農村的非正規金融部門: 溫州案例 [M] // 張曙光. 中國制度變遷的案例研究: 第二卷. 北京: 中國財政經濟出版社, ×××.

[22] 何廣文. 從農村居民資金借貸行為看農村金融抑制與金融深化 [J]. 中國農村經濟, 1999 (10): 42-48.

[23] 李銳, 李寧軍. 農戶借貸行為及其福利效果分析 [J]. 經濟研究, 2004 (12): 96-104.

[24] 謝平, 陸磊. 金融腐敗: 非規範融資行為的交易特徵和體制動因 [J]. 經濟研究, 2003 (6): 3-13+93.

[25] 張紅宇. 中國農村金融組織體系: 績效、缺陷與制度創新 [J]. 中國農村觀察, 2004 (2): 6.

[26] 黃曉紅. 農戶借貸中的聲譽作用機制研究 [D]. 杭州: 浙江大學, 2009.

[27] 周天蕓, 李杰. 農戶借貸行為與中國農村二元金融結構的經驗研究 [J]. 世界經濟, 2005 (11): 19-25.

[28] 溫鐵軍. 農戶信用與民間借貸研究 [EB/OL]. 中經網: 50 人論壇, 2001-06-07.

[29] 中國農村金融學會. 中國農村金融改革發展三十年 [M]. 北京: 中國金融出版社, 2008.

[30] 中國人民銀行金融消費權益保護局. 中國普惠金融指標分析報告 (2018) [EB/OL]. http://www.pbc.gov.cn/goutongjiaoliu/113456/113469/3905926/index.html.

[31] 艾瑞諮詢. 中國藍領人群消費金融市場研究報告 (2016) [EB/OL]. (2016-09). https://www.iresearch.com.cn/Detail/report?id=2646&isfree=0.

［32］信用算力研究院. 2019年藍領生活與金融需求問卷調查報告［EB/OL］. (2019-05-06). https://baijiahao.baidu.com/s?id=1632778121266145720&wfr=spider&for=pc.

［33］孫天琦. 金融業行為風險、行為監管與金融消費者保護［J］. 金融監管研究, 2015 (3): 64-77.

［34］中國人民銀行. 金融消費者權益保護實施辦法. 銀發［2016］314號［EB/OL］. (2017-07-04). http://www.pbc.gov.cn/jingrxfqy/145720/145728/3338677/index.html.

［35］龔浩川. 金融科技創新的容錯監管制度［J］. 證券法苑, 2017 (21): 161-190.

［36］尹麗. 互聯網金融創新與監管［J］. 學術探索, 2014 (8): 68-71.

［37］黃震, 張夏明. 監管沙盒的國際探索進展與中國引進優化研究［J］. 金融監管研究, 2018 (4): 21-39.

［38］中國人民銀行金融消費權益保護局. 消費者金融素養調查分析報告 (2017)［EB/OL］. (2017-07-24). http://www.pbc.gov.cn/jingrxfqy/145720/145735/3349610/index.html.

［39］朱濤, 錢銳, 李蘇南. 金融素養與教育水準對家庭金融行為影響的實證研究［J］. 金融縱橫, 2015 (5): 85-93.

［40］尹志超, 宋全雲, 吳雨. 金融知識、投資經驗與家庭資產選擇［J］. 經濟研究, 2014 (4): 62-75.

［41］阿馬蒂亞·森. 以自由看待發展［M］. 任賾, 於真, 譯. 北京: 中國人民大學出版社, 2002.

附錄

重慶地區大學生借貸情況調查問卷（有借貸經歷版）

1. 性別　　年級　　普通本科/重點本科　　金融專業/非金融專業
2. 是否曾使用借貸？
   A. 是　　　　　　　　B. 否
3. 借貸的用途是？（多選）
   A. 助學貸款　　　　　B. 服飾消費　　　　　C. 3C 消費
   D. 旅遊消費　　　　　E. 餐飲消費　　　　　F. 其他
4. 會在借貸之前進行一定的調查瞭解嗎？（諸如網上查詢「借貸」「違約」等關鍵詞）
   A. 會　　　　　　　　B. 不會
5. 目前使用的是哪種借貸方式？（多選）
   A. 熟人借貸　B. 信用卡（銀行）借貸　C. 支付寶花唄借唄/京東白條
   D. 網絡 P2P 借貸平臺　　　　　　　E. 其他
6. 為什麼選擇該借貸途徑？（多選）
   A. 方便便捷　　B. 利率最低　　　C. 只能使用該方式
   D. 該方式下額度最大　　　　　　　E. 其他
7. 父母是否知曉借貸行為嗎？
   A. 會　　　　　　　　B. 不會
8. 一般情況下借貸的金額為多少？
   A. 0～500 元　　B. 500～1,000 元　　C. 1,000～2,000 元
   D. 2,000～5,000 元　　E. 5,000 元以上
9. 還款來源是哪些？（多選）
   A. 生活費　　　　B. 兼職工資　　　　C. 獎金

D. 循環套現　　　　　　　　E. 其他
10. 是否有違約經歷?
　　A. 有　　　　　　B. 否
11. 如果還不上借款時會採取何種辦法?(多選)
　　A. 無此經歷　　　　B. 分期　　　　C. 向父母尋求幫助
　　D. 向熟人借錢　　　E. 任由其違約　 F. 其他
12. 借貸/分期時間長度由什麼決定?(多選)
　　A. 總借貸金額大小　 B. 不同期數的利率　 C. 每期最低還款額度
　　D. 自我預估的還款時長　　　　　　E. 其他
13. 是否對借貸/分期利率進行瞭解?
　　A. 沒有　　　　　B. 有(如果有,你記憶中大概是多少?)
14. 知道違約的後果嗎?(如:記入個人徵信記錄、影響今後貸款等)
　　A. 知道　　　　　　B. 不知道
15. 對借貸的態度?
　　A. 正常行為不必擔憂　　　　　B. 對借貸有一定的警惕心理
　　C. 不願意讓別人知道自己在借貸　D. 堅決抵制「談借貸色變」
　　E. 其他
16. 對徵信的態度?
　　A. 強烈支持　　　B. 漠不關心　　　　C. 沒有聽說過
　　D. 反感　　　　　E. 其他
17. 你推測身邊大學生借貸的使用程度?
　　A. 0~10%　　　　B. 10%~30%　　　　C. 30%~50%
　　D. 50%~80%　　　E. 80%~100%

重慶地區大學生借貸情況調查問卷（無借貸經歷版）

1. 性別＿＿＿　年級＿＿＿　普通本科/重點本科＿＿＿　金融專業/非金融專業＿＿＿
2. 是否曾使用借貸？
　　A. 是　　　　　　　　B. 否
3. 你目前對借貸的態度？
　　A. 正常行為不必擔憂　　　　　B. 對借貸有一定的警惕心理
　　C. 不願意讓別人知道自己在借貸　D. 堅決抵制「談借貸色變」
　　E. 其他
4. 未來可能考慮使用借貸的情況是？（多選）
　　A. 助學貸款　　　　B. 日常消費　　　　C. 車貸
　　D. 住房貸款　　　　E. 其他　　　　　　F. 不考慮
5. 如果進行借貸，會在借貸之前進行一定的調查瞭解嗎？（諸如網上查詢「借貸」「違約」等關鍵詞）
　　A. 會　　　　　　　B. 不會
6. 你目前知曉的借貸方式？（多選）
　　A. 熟人借貸　B. 信用卡（銀行）借貸　C. 支付寶花唄借唄/京東白條
　　D. 網絡 P2P 借貸平臺　　　　E. 其他
7. 如果進行借貸，是否會告知父母借貸行為？
　　A. 會　　　　　　　B. 不會
8. 目前對借貸/分期利率是否有一定的認識？
　　A. 沒有　　　　　　B. 有（如果有，你記憶中大概是多少？）
9. 知道違約的後果嗎？（如：記入個人徵信記錄、影響今後貸款等）
　　A. 知道　　　　　　B. 不知道
10. 你目前對徵信的態度？
　　A. 強烈支持　　　　B. 漠不關心　　　　C. 沒有聽說過
　　D. 反感　　　　　　E. 其他
11. 你推測身邊大學生借貸的使用程度？
　　A. 0~10%　　　　　B. 10%~30%　　　　C. 30%~50%
　　D. 50%~80%　　　　E. 80%~100%

國家圖書館出版品預行編目（CIP）資料

自金融趨勢下消費者金融行為研究 / 尹麗 編著. -- 第一版.
-- 臺北市：財經錢線文化，2020.05
　　面；　公分
POD版

ISBN 978-957-680-430-4(平裝)

1.消費行為 2.金融業 3.金融監理

496.34　　　　　　　　　　　109006800

書　　名：自金融趨勢下消費者金融行為研究
作　　者：尹麗 編著
發 行 人：黃振庭
出 版 者：財經錢線文化事業有限公司
發 行 者：財經錢線文化事業有限公司
E - m a i l：sonbookservice@gmail.com
粉 絲 頁：　　　　　網　址：
地　　址：台北市中正區重慶南路一段六十一號八樓 815 室
8F.-815, No.61, Sec. 1, Chongqing S. Rd., Zhongzheng
Dist., Taipei City 100, Taiwan (R.O.C.)
電　　話：(02)2370-3310　傳　真：(02) 2388-1990
總 經 銷：紅螞蟻圖書有限公司
地　　址：台北市內湖區舊宗路二段 121 巷 19 號
電　　話：02-2795-3656 傳真:02-2795-4100　網址：
印　　刷：京峯彩色印刷有限公司（京峰數位）

　　本書版權為西南財經大學出版社所有授權崧博出版事業股份有限公司獨家發行電子
　　書及繁體書繁體字版。若有其他相關權利及授權需求請與本公司聯繫。

定　　價：250元
發行日期：2020 年 05 月第一版
◎ 本書以 POD 印製發行